平法钢筋识图与计算细节详解

第3版

上官子昌　主编

机 械 工 业 出 版 社

本书依据《16G101-1》《16G101-2》和《16G101-3》三本新图集以及国家标准《中国地震动参数区划图》(GB 18306—2015)、《混凝土结构设计规范(2015年版)》(GB 50010—2010)、《建筑抗震设计规范》(GB 50011—2010)及2016年局部修订的相关规范进行编写，主要包括平法钢筋识图基本知识、平法钢筋计算的流程、梁构件、柱构件、板构件以及剪力墙构件识图与计算等相关内容。其主要内容都是针对细节中的内容进行详细阐述，表现形式新颖，易于理解，便于执行，方便读者抓住主要问题，及时查阅和学习。本书内容丰富、通俗易懂，操作性、实用性强、简明实用。本书可供设计人员、施工技术人员、工程监理人员、工程造价人员以及大中专院校相关专业的师生学习参考。

图书在版编目(CIP)数据

平法钢筋识图与计算细节详解/上官子昌主编. —3版. —北京：机械工业出版社，2017.4(2022.1重印)
ISBN 978-7-111-56630-4

Ⅰ.①平… Ⅱ.①上… Ⅲ.①钢筋混凝土结构-结构计算 Ⅳ.①TU375.01

中国版本图书馆CIP数据核字(2017)第082376号

机械工业出版社(北京市百万庄大街22号 邮政编码100037)
策划编辑：闫云霞 责任编辑：闫云霞 责任校对：樊钟英
封面设计：张 静 责任印制：常天培
北京机工印刷厂印刷
2022年1月第3版第6次印刷
184mm×260mm · 9.5印张 · 225千字
标准书号：ISBN 978-7-111-56630-4
定价：29.00元

凡购本书，如有缺页、倒页、脱页，由本社发行部调换

电话服务	网络服务
服务咨询热线：010-88361066	机 工 官 网：www.cmpbook.com
读者购书热线：010-68326294	机 工 官 博：weibo.com/cmp1952
010-88379203	金 书 网：www.golden-book.com
封面无防伪标均为盗版	教育服务网：www.cmpedu.com

编 写 人 员

主　编　上官子昌

编　委（按姓氏笔画排序）

王红微　白雅君　冯义显　巩晓东

刘艳君　孙石春　孙丽娜　李　瑞

何　影　张文权　张　敏　张黎黎

高少霞　隋红军　董　慧

前　言

平法，即建筑结构施工图平面整体设计方法，对我国目前混凝土结构施工图的设计表示方法作了重大改革，其实质是把结构设计师的创造性劳动与重复性劳动区分开来。一方面，把结构设计中的重复性部分，做成标准化的节点构造；另一方面，把结构设计中的创造性部分，使用标准化的设计表示法——“平法”来进行设计。因此大大提高了设计效率，减少了绘图工作量，使图纸表达更为直观，也便于识读。平法识图的学习目的是解决人们在施工岗位上的识图和配筋计算，是随着施工技术的发展而逐步发展完善的，它是动态的。对它的理解和掌握也是动态的，需要与施工技术密切结合。为使设计、施工、造价、监理人员能够准确理解和运用“平法”，我们组织编写了这本书。

本书依据《16G101-1》《16G101-2》和《16G101-3》三本新图集以及国家标准《中国地震动参数区划图》（GB 18306—2015）、《混凝土结构设计规范（2015年版）》（GB 50010—2010）、《建筑抗震设计规范》（GB 50011—2010）及2016年局部修订的相关规范进行编写，主要包括平法钢筋识图基本知识、平法钢筋计算的流程、梁构件、柱构件、板构件以及剪力墙构件识图与计算等相关内容。其主要内容都是针对细节中的要点的详细阐述，表现形式新颖，易于理解，便于执行，方便读者抓住主要问题，及时查阅和学习。本书内容丰富、通俗易懂，操作性、实用性强、简明实用。本书可供设计人员、施工技术人员、工程监理人员、工程造价人员以及大中专院校相关专业的师生学习参考。

本书在编写过程中参阅和借鉴了许多优秀书籍、专著和有关文献资料，并得到了有关领导和专家的帮助，在此一并致谢。由于作者的学识和经验所限，虽尽心尽力，但书中疏漏或未尽之处难免，敬请有关专家和读者予以批评指正。

编　者

目　录

第1章　平法钢筋识图基本知识

细节：平法的概念

建筑结构施工图平面整体设计方法（简称平法），对目前我国混凝土结构施工图的设计表示方法作了重大改革，被原国家科委和原建设部列为科技成果重点推广项目。

概括来讲，平法的表达形式，就是把结构构件的尺寸和配筋等，按照平面整体表示方法制图规则，整体直接表达在各类构件的结构平面布置图上，再与标准构造详图相配合，即构成一套新型完整的结构设计图。平法改变了传统的那种将构件从结构平面布置图中索引出来，再逐个绘制配筋详图、画出钢筋表的烦琐方法。

按平法设计绘制的施工图，一般由两大部分构成，即各类结构构件的平法施工图和标准构造详图，但对于复杂的工业与民用建筑，尚需增加模板、预埋件和开洞等平面图。只有在特殊情况下才需增加剖面配筋图。

按平法设计绘制结构施工图时，应明确下列几个方面的内容：

1）必须根据具体工程设计，按照各类构件的平法制图规则，在按结构（标准）层绘制的平面布置图上直接表示各构件的配筋、尺寸和所选用的标准构造详图。出图时，宜按基础、柱、剪力墙、梁、板、楼梯及其他构件的顺序排列。

2）应对所有构件进行编号，编号中含有类型代号和序号等。其中，类型代号的主要作用是指明所选用的标准构造详图；在标准构造详图上，按其所属构件类型注明代号，以明确该详图与平法施工图中相同构件的互补关系，使两者结合构成完整的结构设计图。

3）应当用表格或其他方式注明包括地下和地上各层的结构层楼（地）面标高、结构层高及相应的结构层号。

在单项工程中结构层楼面标高和结构层高必须统一，以确保基础、柱与墙、梁、板等用同一标准竖向定位。为了便于施工，应将统一的结构层楼面标高和结构层高分别放在柱、墙、梁等各类构件的平法施工图中。

注：结构层楼面标高是指将建筑图中的各层地面和楼面标高值扣除建筑面层及垫层做法厚度后的标高，结构层号应与建筑楼面层号对应一致。

4）按平法设计绘制施工图，为了能够保证施工员准确无误地按平法施工图进行施工，在具体工程的结构设计总说明中必须写明下列与平法施工图密切相关的内容：

① 选用平法标准图的图集号。

② 混凝土结构的使用年限。

③ 写明抗震设防烈度和抗震等级，以明确选用相应抗震等级的标准构造详图。

④ 写明各类构件在其所在部位所选用混凝土的强度等级和钢筋级别，以确定相应纵向受拉钢筋的最小搭接长度及最小锚固长度等。

⑤ 写明柱纵筋、墙身分布筋、梁上部贯通筋等在具体工程中需接长时所采用的接头形

式及有关要求。必要时，还应注明对钢筋的性能要求。

⑥ 当标准构造详图有多种可选择的构造做法时，应写明在何部位选用何种构造做法。当没有写明时，则为设计人员自动授权施工员可以任选一种构造做法进行施工。

⑦ 对混凝土保护层厚度有特殊要求时，应写明不同部位的构件所处的环境类别。在平面布置图上表示各构件配筋和尺寸的方式，分平面注写方式、截面注写方式和列表注写方式三种。

细节：平法的特点

六大效果验证“平法”科学性，从1991年10月“平法”首次运用于济宁工商银行营业楼，到此后的三年在几十项工程设计上的成功实践，“平法”的理论与方法体系向全社会推广的时机已然成熟。1995年7月26日，在北京举行了由原建设部组织的“建筑结构施工图平面整体设计方法”科研成果鉴定会，会上，我国结构工程界的众多知名专家对“平法”的六大效果一致认同，这六大效果如下：

1. 掌握全局

“平法”使设计者容易进行平衡调整，易校审，易修改，改图可不牵连其他构件，易控制设计质量；“平法”能适应业主分阶段分层按图施工的要求，也能适应在主体结构开始施工后又进行大幅度调整的特殊情况。“平法”分结构层设计的图纸与水平逐层施工的顺序完全一致，对标准层可实现单张图纸施工，施工工程师对结构比较容易形成整体概念，有利于施工质量管理。“平法”采用标准化的构造详图，形象、直观，施工易懂、易操作。

2. 更简单

“平法”采用标准化的设计制图规则，结构施工图表达符号化、数字化，单张图纸的信息量较大并且集中；构件分类明确，层次清晰，表达准确，设计速度快，效率成倍提高。

3. 更专业

标准构造详图可集国内较可靠、成熟的常规节点构造之大成，集中分类归纳后编制成国家建筑标准设计图集供设计选用，可避免反复抄袭构造做法及伴生的设计失误，确保节点构造在设计与施工两个方面均达到高质量。另外，“平法”对节点构造的研究、设计和施工实现专门化提出了更高的要求。

4. 高效率

“平法”大幅度提高设计效率可以立竿见影，能快速解放生产力，迅速缓解建设高峰时期结构设计人员紧缺的局面。在推广“平法”比较早的建筑设计院，结构设计人员与建筑设计人员的比例已明显改变，结构设计人员在数量上已经低于建筑设计人员，有些设计院结构设计人员只是建筑设计人员的四分之一至二分之一，结构设计周期明显缩短，结构设计人员的工作强度已显著降低。

5. 低能耗

“平法”大幅度降低设计消耗，降低设计成本，节约自然资源。平法施工图是定量化、有序化的设计图，与其配套使用的标准设计图集可以重复使用，与传统设计方法相比图纸量减少70%左右，综合设计工日减少三分之二以上，每十万平方米设计面积可降低设计成本27万元，在节约人力资源的同时还节约了自然资源。

6. 改变用人结构

“平法”促进人才分布格局的改变，实质性地影响了建筑结构领域的人才结构。设计单位对建筑工程专业大学毕业生的需求量已经明显减少，为施工单位招聘结构人才留出了相当空间，大量建筑工程专业毕业生到施工部门择业逐渐成为普遍现象，使人才流向发生了比较明显的转变，人才分布趋向合理。随着时间的推移，高校培养的大批土建高级技术人才必将对施工建设领域的科技进步产生积极作用。“平法”促进结构设计水平的提高，促进设计院内的人才竞争。设计单位对年度毕业生的需求有限，自然形成了人才的就业竞争，竞争的结果自然应为比较优秀的人才有较多机会进入设计单位，长此以往，可有效提高结构设计队伍的整体素质。

细节：平法制图与传统图示方法的区别

1）框架图中的梁和柱，在“平法制图”中的钢筋图示方法，施工图中只绘制梁、柱平面图，不绘制梁、柱中配置钢筋的立面图（梁不画截面图；而柱在其平面图上，只按编号不同各取一个，在原位放大画出带有钢筋配置的柱截面图）。

2）传统框架图中的梁和柱，既画梁、柱平面图，同时也绘制梁、柱中配置钢筋的立面图及其截面图；但在“平法制图”中的钢筋配置，不再画这些图，而是去查阅《混凝土结构施工图平面整体表示方法制图规则和构造详图》。

3）传统的混凝土结构施工图，可以直接从其绘制的详图中读取钢筋配置尺寸，而“平法制图”则需要查找《混凝土结构施工图平面整体表示方法制图规则和构造详图》中相应的详图；而且，钢筋的大小尺寸和配置尺寸，均以“相关尺寸”（跨度、钢筋直径、搭接长度、锚固长度等）为变量的函数来表达，而不是具体数字。藉此用来实现其标准图的通用性。概括地说，“平法制图”使混凝土结构施工图的内容简化了。

4）柱与剪力墙的“平法制图”，均以施工图列表注写方式，表达其相关规格与尺寸。

5）“平法制图”中的突出特点，表现在梁的“原位标注”和“集中标注”上。“原位标注”概括地说分两种：标注在柱子附近处，且在梁上方，是承受负弯矩的箍筋直径和根数，其钢筋布置在梁的上部。标注在梁中间且下方的钢筋，是承受正弯矩的，其钢筋布置在梁的下部。“集中标注”是从梁平面图的梁处引铅垂线至图的上方，注写梁的编号、挑梁类型、跨数、截面尺寸、箍筋直径、箍筋肢数、箍筋间距、梁侧面纵向构造钢筋或受扭钢筋的直径和根数、通长筋的直径和根数等。如果“集中标注”中有通长筋时，则“原位标注”中的负筋数包含通长筋的数。

6）在传统的混凝土结构施工图中，计算斜截面的抗剪强度时，在梁中配置 45°或 60°的弯起钢筋。而在“平法制图”中，梁不配置这种弯起钢筋，而是由加密的箍筋来承受其斜截面的抗剪强度。

细节：G101 平法图集发行状况

G101 平法图集发行状况，见表 1-1。

表1-1 G101平法图集发行状况

年 份	大 事 记	说 明
1995年7月	平法通过了原建设部科技成果鉴定	
1996年6月	平法列为原建设部一九九六年科技成果重点推广项目	
1996年9月	平法被批准为《国家级科技成果重点推广计划》	
1996年11月	《96G101》发行	《96G101》《00G101》《03G101-1》讲述的均是梁、柱、墙构件
2000年7月	《96G101》修订为《00G101》	
2003年1月	《00G101》依据国家2000系列混凝土结构规范修订为《03G101-1》	
2003年7月	《03G101-2》发行	板式楼梯平法图集
2004年2月	《04G101-3》发行	筏形基础平法图集
2004年11月	《04G101-4》发行	楼面板及屋面板平法图集
2006年9月	《06G101-6》发行	独立基础、条形基础、桩基承台平法图集
2009年1月	《08G101-5》发行	箱形基础及地下室平法图集
2011年7月	《11G101-1》发行	混凝土结构施工图平面整体表示方法制图规则和构造详图(现浇混凝土框架、剪力墙、梁、板)
2011年7月	《11G101-2》发行	混凝土结构施工图平面整体表示方法制图规则和构造详图(现浇混凝土板式楼梯)
2011年7月	《11G101-3》发行	混凝土结构施工图平面整体表示方法制图规则和构造详图(独立基础、条形基础、筏形基础及桩基承台)
2016年9月	《16G101-1》发行	混凝土结构施工图平面整体表示方法制图规则和构造详图(现浇混凝土框架、剪力墙、梁、板)
2016年9月	《16G101-2》发行	混凝土结构施工图平面整体表示方法制图规则和构造详图(现浇混凝土板式楼梯)
2016年9月	《16G101-3》发行	混凝土结构施工图平面整体表示方法制图规则和构造详图(独立基础、条形基础、筏形基础、桩基础)

细节：钢筋的基础知识

钢筋按生产工艺分为：热轧钢筋、冷拉钢筋、冷拔钢丝、热处理钢筋、冷轧扭钢筋、冷轧带肋钢筋。

钢筋按轧制外形分为：光圆钢筋、螺纹钢筋（螺旋纹、人字纹）。

钢筋按强度等级分为：HPB300表示热轧光圆钢筋，符号为Φ；HRB335表示热轧带肋钢筋，符号为Φ；HRB400表示热轧带肋钢筋，符号为Φ；RRB400表示热轧带肋钢筋，符号为Φ^{R}。

1. 热轧钢筋

热轧钢筋由低碳钢、普通低合金钢在高温状态下轧制而成。热轧钢筋的塑性会随其强度的提高而降低。热轧钢筋分为光圆钢筋和热轧带肋钢筋两种，如图1-1所示。

2. 冷轧钢筋

冷轧钢筋由热轧钢筋在常温下通过冷拉或冷拔等方法冷加工而成。钢筋经过冷拉和时效

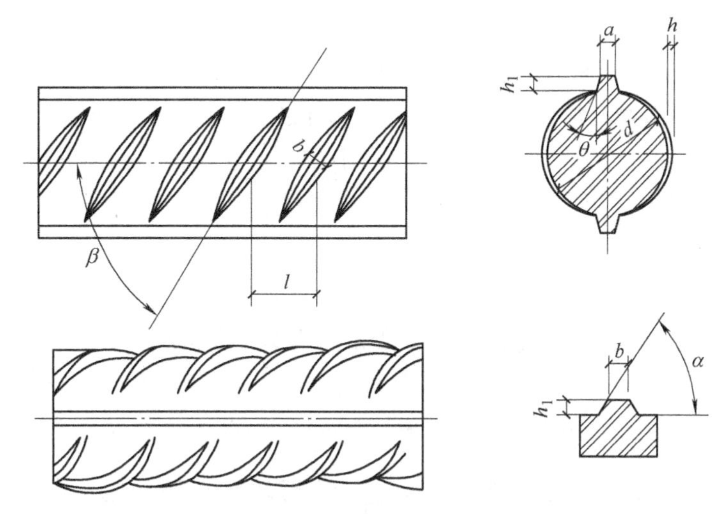

图 1-1　月牙肋钢筋（带纵肋）表面及截面形状

d—钢筋内径　α—横肋斜角　h—横肋高度　β—横肋与轴线夹角

h_1—纵肋高度　θ—纵肋斜角　a—纵肋顶宽　l—横肋间距　b—横肋顶宽

硬化后，能提高它的屈服强度，但它的塑性有所降低，已逐渐淘汰。

钢丝是用高碳镇静钢轧制成圆盘后经过多道冷拔，并进行应力消除、矫直、回火处理而成的。

划痕钢丝是在光面钢丝的表面上进行机械刻痕处理而得，以增加其与混凝土的黏结能力。

3. 余热处理钢筋

余热处理钢筋是经热轧后立即穿水，进行表面控制冷却，然后利用芯部余热自身完成回火等调质工艺处理所得的成品钢筋，热处理后钢筋强度得到较大提高而塑性降低并不多。

4. 冷轧带肋钢筋

冷轧带肋钢筋是热轧圆盘条经冷轧在其表面形成三面或二面有肋的钢筋。冷轧带肋钢筋的牌号由 CRB 和钢筋的抗拉强度最小值构成。C、R、B 分别为冷轧（cold rolled）、带肋（ribbed）、钢筋（bar）三词的英文首个大写字母。冷轧带肋钢筋分为 CRB550、CRB650、CRB800、CRB970、CRB1170 等牌号。CRB550 为普通钢筋混凝土用钢筋，其他牌号为预应力混凝土用钢筋。

CRB550 钢筋的公称直径范围为 4～12mm。CRB650 及以上牌号的公称直径为 4mm、5mm、6mm。

冷轧带肋钢筋的外形肋呈月牙形，横肋沿钢筋截面周圈均匀分布，其中三面肋钢筋有一面肋的倾角必须与另两面反向，二面肋钢筋一面肋的倾角必须与另一面反向。横肋中心线和钢筋轴线夹角 β 为 40°～60°。肋两侧面和钢筋表面斜角 α 不得小于 45°，横肋与钢筋表面呈弧形相交。横肋间隙的总和应不大于公称周长的 20%（图 1-2）。

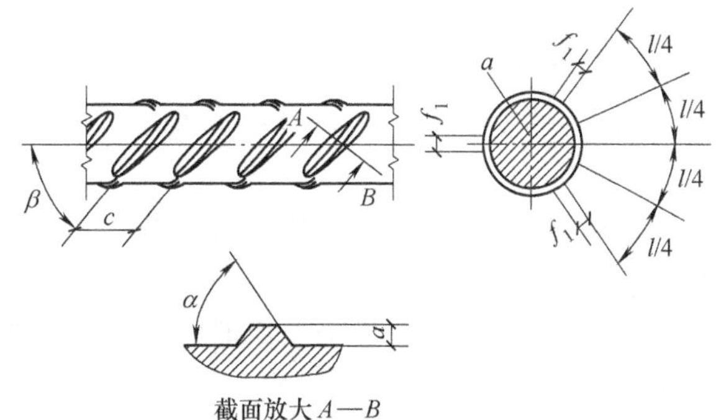

截面放大 A—B

图 1-2　冷轧带肋钢筋表面及截面形状

5. 冷轧扭钢筋

冷轧扭钢筋由低碳钢钢筋（含碳量低于0.25%）经冷轧扭工艺制成，其表面呈连续螺旋形（图1-3）。这种钢筋具有较高的强度，而且有足够的塑性，与混凝土黏结性能优异，代替HPB300级钢筋可节约钢材约30%。冷轧扭钢筋一般用于预制钢筋混凝土圆孔板、叠合板中的预制薄板以及现浇钢筋混凝土楼板等。

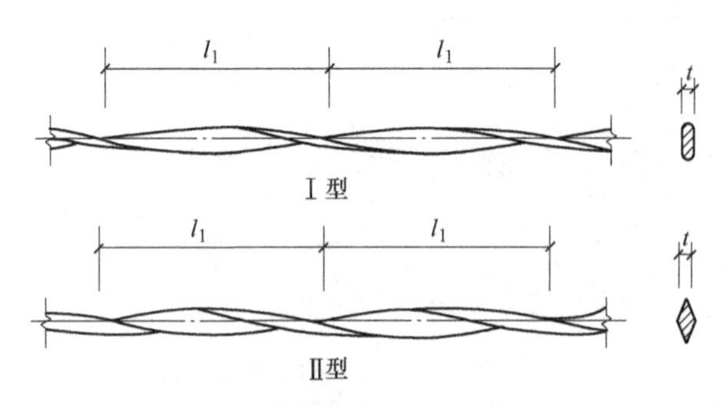

图1-3 冷轧扭钢筋表面及截面形状

t—轧扁厚度 l_1—节距

6. 冷拔螺旋钢筋

冷拔螺旋钢筋是热轧圆盘条经冷拔后在表面形成连续螺旋槽的钢筋。冷拔螺旋钢筋的外形如图1-4所示。冷拔螺旋钢筋的生产可利用原有的冷拔设备，只需增加一个专用螺旋装置与陶瓷模具。该钢筋具有强度适中、握裹力强、塑性好、成本低等优点，可用做钢筋混凝土构件中的受力钢筋，以节约钢材；可用于预应力空心板可提高延性，改善构件使用性能。

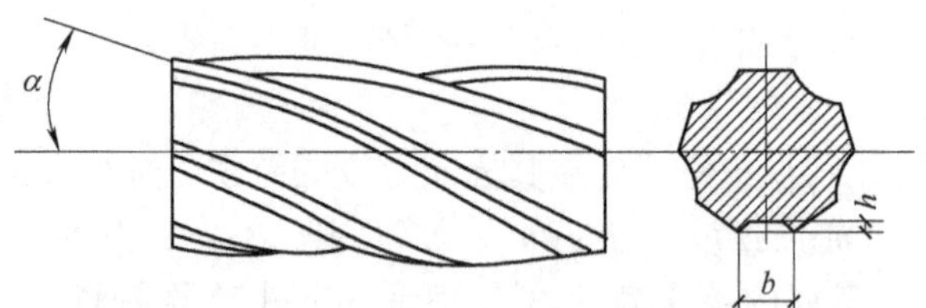

图1-4 冷拔螺旋钢筋表面及截面形状

细节：钢筋算量业务分类

1. 钢筋算量业务分类

建筑工程从设计到竣工可以分为设计、招投标、施工和竣工结算四个阶段，顺序如图1-5所示。

设计 ➜ 招投标 ➜ 施工 ➜ 竣工结算

图1-5 建筑工程建设阶段

在建筑工程建设的各个阶段，都要确定造价，其各阶段的相关内容，见表1-2。

从表1-2中可以看出，钢筋算量是贯穿工程建设过程中确定钢筋用量及造价的重要环节。将表1-2中钢筋算量的业务进行归类，可以分为两类，见表1-3。

表 1-2　钢筋算量业务

阶段	工程造价内容	说明
设计	设计概算	在设计过程中，编制设计概算以对工程的经济性进行评估，比如计算出工程的钢筋用量，可以评估构件的含钢量
招投标	招标方：标底、招标控制价	招标方和投标方编制招投标需要的工程造价文件，需要先计算出工程中人、材、机的用量，然后乘以单价，再结合规费和税金，以确定工程造价。 在这个过程中，需要计算工程的钢筋用量
	投标方：投标报价	
施工	材料备料	在施工过程中，需要进行钢筋采购、加工等，需要编制材料计划、钢筋配料单等
竣工结算	结算造价	竣工结算过程中，确定工程造价，也同样需要计算工程量钢筋用量

表 1-3　钢筋算量的业务划分

钢筋算量业务划分	计算依据和方法	关注点	目的
钢筋翻样	按照相关规范、设计图，以“实际长度”进行计算	既符合相关规范和设计要求，还要满足方便施工、降低成本等施工需求	指导实际施工
钢筋算量	按照相关规范、设计图，以及工程量清单和定额的要求，以“设计长度”进行计算	以快速计算工程的钢筋总用量，用于确定工程造价	确定工程造价

注：“实际长度”是指要考虑钢筋加工变形、钢筋的位置关系等实际情况；“设计长度”是按设计图计算，并未考虑太多钢筋加工及施工过程中的实际情况。

2. 实际长度与设计长度

指导施工的钢筋翻样，按实际长度计算，如图 1-6 所示。实际长度要考虑钢筋的加工变形。

确定工程造价的钢筋算量，按设计长度计算，如图 1-7 所示。

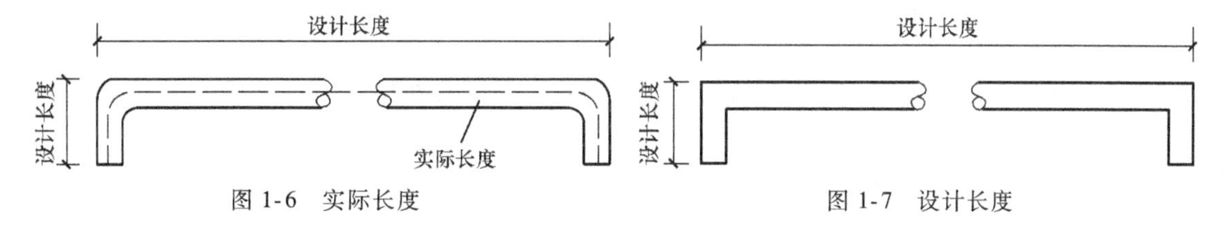

图 1-6　实际长度　　图 1-7　设计长度

细节：结构施工图中的钢筋尺寸

结构施工图中所标注的钢筋尺寸，是钢筋的外皮尺寸。它不同于钢筋的下料尺寸。

钢筋材料明细表（表 1-4）中简图栏的钢筋长度 L_1，如图 1-8 所示，是由于构造的需要而标注。通常情况下，钢筋的边界线是从钢筋外皮到混凝土外表面的距离——保护层的厚度来考虑标注钢筋尺寸的。也可以这样说，此处的 L_1 不是钢筋加工下料的施工尺寸，而是设计尺寸，如图 1-9 所示。

切记，钢筋混凝土结构图中标注的钢筋尺寸，不是下料尺寸，而是设计尺寸。这里要指明的是，简图栏的钢筋长度 L_1 不能直接拿来下料。

表 1-4　钢筋材料明细表

钢筋编号	①
规格	Φ22
数量	2
简图	L_1 L_2 L_2

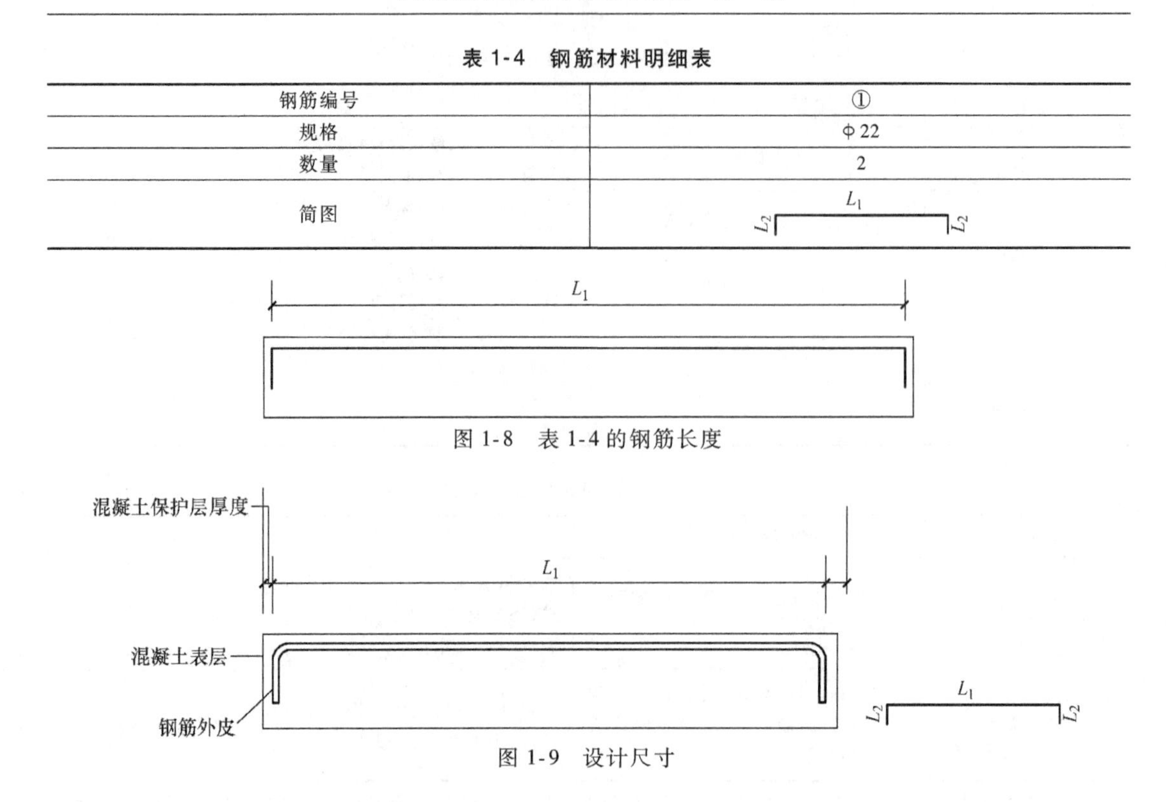

图 1-8　表 1-4 的钢筋长度

图 1-9　设计尺寸

细节：钢筋下料长度计算假说

钢筋加工变形以后，钢筋中心线的长度是不改变的。

如图 1-10 所示，结构施工图上所示受力主筋的尺寸界限，是钢筋的外皮。实际上，钢筋加工下料的施工尺寸为

$$ab+bc+cd$$

式中，ab 为直线段；bc 为弧线段；cd 为直线段。另外，箍筋的设计尺寸，通常是采用内皮标注尺寸的方法。

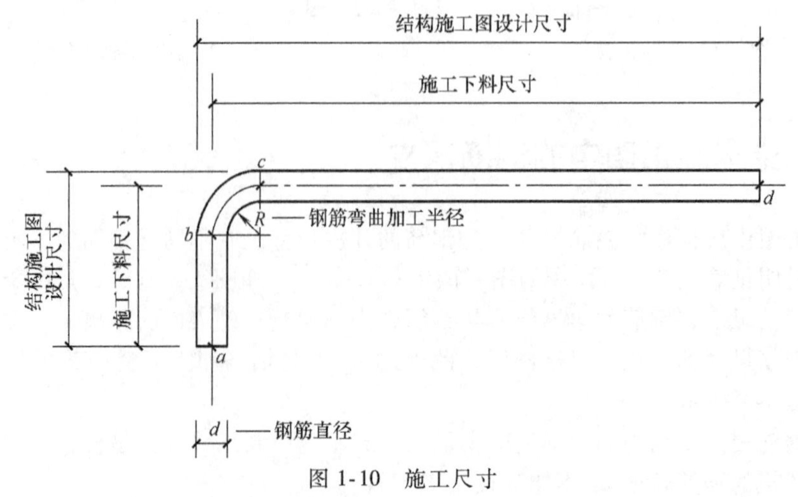

图 1-10　施工尺寸

细节：钢筋设计尺寸和施工下料尺寸

1. 相同长梁中的直形钢筋和加工弯折钢筋

相同长梁中的直形钢筋和弯折钢筋如图 1-11 和图 1-12 所示。

图 1-11　直形钢筋　　图 1-12　弯折钢筋

虽然图 1-11 中的钢筋和图 1-12 中的钢筋，两端保护层厚度相同，但是它们的中心线长度并不相同。下面放大它们的端部便一目了然。

看过图 1-13 和图 1-14，经过比较就清楚多了。图 1-14 中右边钢筋中心线到梁端的距离，是保护层厚度加二分之一钢筋直径。考虑两端的时候，其中心线长度要比图 1-13 中的短一个直径。

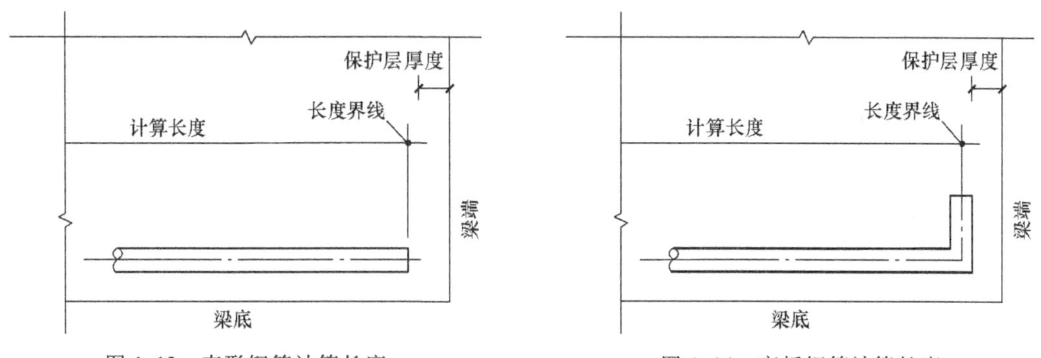

图 1-13　直形钢筋计算长度　　图 1-14　弯折钢筋计算长度

2. 大于 90°、不大于 180°弯钩的设计标注尺寸

图 1-15 通常是结构设计尺寸的标注方法，也常与保护层厚度有关；图 1-16 常用在拉筋的尺寸标注上。

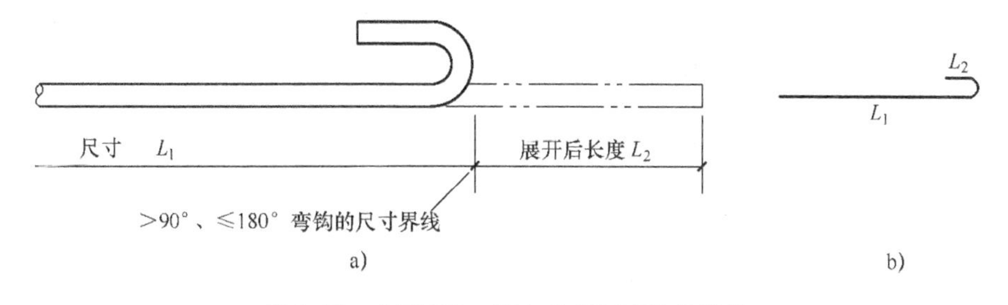

图 1-15　大于 90°、不大于 180°弯钩的标注

3. 内皮尺寸

梁和柱中的箍筋，为了方便设计，通常用内皮尺寸标注。由梁、柱截面的高、宽尺寸，各减去保护层厚度，就是箍筋的高、宽内皮尺寸，如图 1-17 所示。

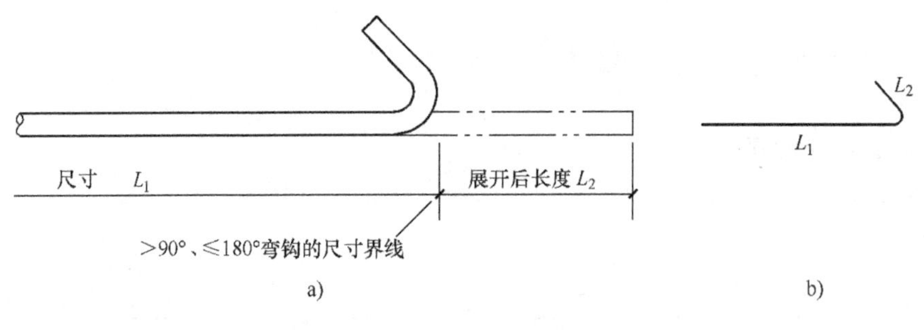

图 1-16 拉筋尺寸标注

4. 用于 30°、60°、90°斜筋的辅助尺寸

遇到有弯折的斜筋，需要标注尺寸时，除了沿斜向标注其外皮尺寸外，还要把斜向尺寸当作直角三角形的斜边，而另外标注出其两个直角边的尺寸，如图 1-18 所示。

从图 1-18 上，并不能看出是不是外皮尺寸。如果再看图 1-19，就可以知道它是外皮尺寸了。

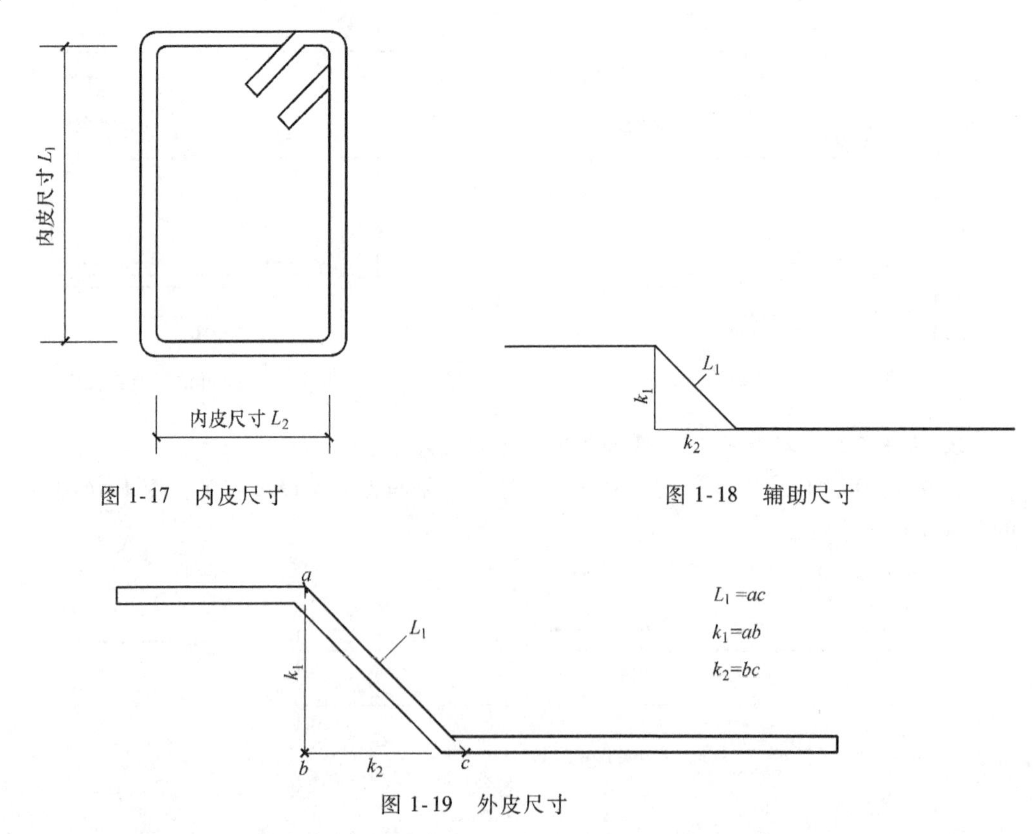

图 1-17 内皮尺寸

图 1-18 辅助尺寸

图 1-19 外皮尺寸

细节：应用“平法”除了平面尺寸以外的注意事项

应用“平法”，顾名思义，主要的当然是平面尺寸，但是“竖向尺寸”也是很重要的。在“竖向尺寸”中，首先是“层高”。一些竖向的构件，如剪力墙、框架柱等，都与层

高有密切关系。“结构层高”是指本层现浇楼板上表面到上一层的现浇楼板上表面的距离。“建筑层高”是指从本层地面到上一层地面的距离。如果各楼层的地面做法是一样的话，则各楼层的“结构层高”与“建筑层高”是一致的。

需要注意的是，某些特殊的“层高”要给予特别的关注。当存在地下室的时候，“地下室”的层高就是筏板上表面到地下室顶板的距离，“一层”的层高就是地下室顶板到一层顶板的距离。

但是，如果不存在地下室，计算“一层”的层高就不是如此简单的事情了。建筑图所标注的“一层”层高就是“从±0.000 到一层顶板的距离”，但此时此刻，要计算“一层”层高，就不能采用这个距离；否则，在计算基础梁上的柱插筋长度和“一层”的柱纵筋长度时就会出错。正确的算法是：没有地下室时的“一层”层高，是“从筏板上表面到一层顶板的距离”。

此外，“竖向尺寸”还表现在一些“标高”的标注上，例如，剪力墙洞口的中心标高标注为“-1.700”，就是说该洞口的中心标高比楼面标高（即顶板上表面）“低了 1.700m”。

还有，梁集中标注的“梁顶相对标高高差”，就是梁顶面的标高与楼面标高的高差。如果标注的“梁顶相对标高高差”为“-0.200”，则表示梁顶比楼面标高“低 0.200m”；如果此项未标注，则表示“梁顶与楼面标高”齐平。

细节：分层计算中“标准层”的划定

既然是“分层做预算”，如果每一层都要进行计算，就太麻烦了。如果存在“标准层”，则只需要计算其中的某一层，再乘以标准层的层数就可以了。

“标准层”的划分应该遵循一定的原则（以“16G101-1 例子工程”为例）：

1）“顶层”不能纳入标准层。

顶层的层高一般要比普通楼层的层高大一些，如果普通楼层的层高为 3.10m，则顶层的层高可能会是 3.30m，这是由于顶层可能要走一些设备管道（如暖气的回水管），因此层高要增加一些。

就算顶层的层高和普通楼层一样（如顶层的层高和普通楼层的层高都是 3.50m），顶层还是不能纳入标准层的，这是由于在框架结构中，顶层的框架梁和框架柱要进行“顶梁边柱”的特殊处理。

2）层高不同的两个楼层，不能作为“标准层”。

层高不同的两个楼层，其竖向构件（如墙、柱）的工程量肯定不相同，这样的两个楼层，不能作为“标准层”。

例如：某栋楼第 1 层层高为 4.60m，第 2 层层高为 4.30m，这两个楼层就不能划入同一个标准层。

3）可以根据框架柱的变截面情况决定“标准层”的划分。

柱变截面包含柱钢筋截面的改变和（或）几何截面的改变两种意思。可以把属于“同一柱截面”的楼层划入一个“标准层”。也就是说，处于同一标准层的各个楼层上的相应框架柱的几何截面和柱钢筋截面都是一致的。

4）然后，再根据剪力墙的变截面情况修正“标准层”的划分。

剪力墙变截面同样包含两种意思：墙钢筋截面的改变和（或）墙厚度的改变。可以把属于"同一剪力墙截面"的楼层划入一个"标准层"。

5）注意，框架柱变截面的"关节"楼层不能纳入标准层。

例如，某工程的第5层和第10层就不能作为标准层。在这个工程例子中，第1层到第5层，框架柱KZ1的截面尺寸都是750mm×700mm，柱纵筋都是12⌀25；但是到了第6层，框架柱KZ1的截面尺寸变成650mm×600mm，柱纵筋为12⌀25，于是就把第5层作为框架柱变截面的"关节"楼层（补充说明一下，这个工程只有一种框架柱，比较了KZ1就等于比较了所有的框架柱。如果实际工程存在多种框架柱，则每一种框架柱都要进行比较）。

到目前为止，在16G101-1例子工程中，可以把第3~4层划定为"标准层1"、把第6~9层划定为"标准层2"、把第11~15层划定为"标准层3"（注意：目前只是考虑了"框架柱变截面"这一因素）。

6）还要注意，剪力墙变截面的"关节"楼层也不能纳入标准层。

剪力墙变截面关节楼层的概念与上面介绍的柱变截面关节楼层相类似。例如：本例的第8层就不能作为标准层。

7）在剪力墙中，还要注意墙身与暗柱的变截面情况是否一样。如果不一样，就不能划入同一个标准层内。

由此可以看出，在不少工程实例中，能够划入标准层的楼层就非常少了。于是有人会说，还不如"逐层计算"省心，有时的确如此。

细节：平法结构施工图的出图顺序

按照平法设计制图规则完成的施工图，其排列顺序为：

[结构设计总说明] → [基础及地下结构平法施工图] → [柱和剪力墙平法施工图] → [梁平法施工图] → [板平法施工图] → [楼梯及其他特殊构件平法施工图]

这种顺序，形象地表示为：

[结构设计总说明] → [底部支承结构（即基础及地下结构）] → [竖向支承结构（即柱和剪力墙）] → [水平支承结构（即梁）] → [平面支承结构（即板）] → [楼梯及其他特殊构件]

这样的出图顺序，与现场施工顺序完全一致，便于施工技术人员理解、掌握和具体实施平法结构施工图。

第2章　平法钢筋计算的流程

细节：阅读和审查图样的一般要求

我们现在所说的图样是指土建施工图。施工图一般分为“结施”和“建施”，“结施”就是结构施工图，“建施”就是建筑施工图。钢筋计算主要使用结构施工图。如果房屋结构比较复杂，单纯看结构施工图不容易看懂时，可以结合建筑施工图的平面图、立面图和剖面图，以便于理解某些构件的位置和作用。

看图时必须仔细阅读最前面的“设计说明”，里面有许多重要的数据和信息，还包含一些没有在具体构件图样上画出的工程做法。对于钢筋计算来说，设计说明中的重要数据和信息有：房屋设计中采用的标准图集和设计规范、钢筋的类型、分布钢筋的直径和间距、混凝土强度等级、抗震等级（以及抗震设防烈度）等。认真阅读设计说明，可以对整个工程有一个总体的印象。

要认真阅读图样目录，根据目录对照具体的每一张图样，看看手中的施工图是否有缺漏。

然后，浏览每一张结构平面图。明确每张结构平面图所适用的范围：每一个楼层分别使用一张结构平面图，或者几个楼层合用一张结构平面图；对比不同的结构平面图，弄清楚它们之间的联系和区别；各楼层之间结构的区别。以便于划分“标准层”，制订钢筋计算的计划。

现在，平法施工图主要是通过结构平面图来表示。但是，对于某些特殊的或者复杂的结构或构造，设计师会给出构造详图，在阅读图样时要注意观察和分析。

在阅读和检查图样的过程中，要注意对照和比较不同的图样，要善于读懂图样，更要善于在图样中发现问题。设计师也难免会出错，而施工图是进行施工和工程预算的依据，如果图样出错了，后果将是很严重的。在将结构平面图、建筑平面图、立面图和剖面图对照比较的过程中，要注意标高尺寸的对比和平面尺寸的对比。

细节：阅读和审查平法施工图的注意事项

现在的施工图都采用平面设计，因此在阅读和检查图样的过程中，要结合平法技术的要求进行阅读和审查。

下面举例说明如何结合平法技术的要求来阅读和审查平法施工图。这些例子都是实际发生过的。

1. 构件编号的合理性和一致性

例如，把某根“非框架梁”命名为“LL1”，这是许多设计人员容易犯的毛病。非框架梁的编号是“L”，因此，这根非框架梁的编号只能是“L1”，而“LL1”是剪力墙结构中的

"连梁"的编号。

又如，一个4跨框架梁KL1，其跨度分别为3600mm、3600mm、3600mm、3000mm，而同样编号是KL1的另一个4跨框架梁，其跨度分别为3600mm、3600mm、3000mm、3600mm。显然，这两个梁的第3跨和第4跨的跨度不一致，因此这两根梁不能同时编号为"KL1"。

2. 平法梁原位标注是否完整和正确

例如，框架梁支座原位标注的缺漏。一个多跨框架梁的标注描述如下：集中标注的上部纵筋为2⏀25+(2⏀12)，下部纵筋为4⏀25，四肢箍，梁的支座上没有原位标注。这样的话，2⏀12作为架立筋就只好"伸入支座"了。如果按钢筋标注的情况来分析，就只能是这样的结果。但是，作为一个框架梁或者多跨连续梁来说，梁支座上的负弯矩经常大于梁下部的正弯矩，因此梁的支座负筋配筋值一般都大于梁下部纵筋的配筋值。这是众所周知的事实，设计人员也知道支座负筋的重要性（在支座上不能产生塑性铰）。因此，这件事情应该与设计人员进行充分的交流和咨询，以免产生设计上的失误。

又如，多跨梁中间的"短跨"不在跨中上部进行上部纵筋的原位标注，这是某些图样上出现的问题。一个三跨的框架梁，第一跨和第三跨的跨度为6500mm，左右支座上都有原位标注6⏀25 4/2，中间第二跨的跨度为1800mm，上部没有任何原位标注。这样的后果是：第一跨右支座的支座负筋和第三跨左支座的支座负筋都要伸入第二跨将近2000mm的长度，这两种钢筋重叠在第二跨内，既浪费钢筋，又给施工带来了困难。正确的设计标注方法是：在第二跨的跨中上部进行原位标注6⏀25 4/2，这样，第一跨右支座的支座负筋就能够贯通第二跨，一直伸到第三跨左支座上，形成一个穿越三跨的局部贯通。因此，多跨梁中间的短跨，一般都在跨中上部进行原位标注，这是一个普遍规律。

又如，悬挑端缺乏原位标注，这也是某些图样上出现的问题。框架梁的悬挑端应该具有众多的原位标注：在悬挑端的上部跨中进行上部纵筋的原位标注、悬挑端下部钢筋的原位标注、悬挑端梁截面尺寸的原位标注、悬挑端箍筋的原位标注等。如果在平法施工图中缺乏这些原位标注，就有必要向设计人员咨询。

3. 平法梁集中标注信息是否完整和正确

例如，梁的侧面构造钢筋缺乏集中标注。某根框架梁KL1，梁截面高度为700mm，但是集中标注中没有"侧面构造钢筋"（也没有"侧面抗扭钢筋"）。根据16G101-1图集的规定，梁的截面高度超过450mm就需要设置侧面构造钢筋。而且，16G101-1图集没有给出任何设计依据，不允许施工人员自行设计梁的侧面构造钢筋。

又如，框架梁上部通长筋集中标注为"（2⏀14）"，设计者可能要传达的信息是"这两根⏀14钢筋与支座负筋按架立筋搭接"。但这是错误的。框架梁不能没有上部通长筋，因此上述的集中标注只能是"2⏀14"，而且在实际施工中，这两根⏀14钢筋与支座负筋不能按架立筋与支座负筋搭接（搭接长度为150mm），只能按上部通长筋与支座负筋搭接，搭接长度为l_{lE}。

4. 柱表中的信息是否完整和正确

在阅读和检查图样的时候，既要检查《柱表》中的柱编号是否全部标注在平面图中，又要检查平面图中的所有框架柱是否在《柱表》中能够找到。

还有，如果在《柱表》中某个框架柱在第N层就"已经到顶"了，要注意检查第N+1

层以上的各楼层的平面图上是否还出现这个框架柱的标注。

对于“梁上柱”，也要注意检查《柱表》和平面图标注的一致性。

5. 平法柱编号的一致性

框架柱 KZ1 在《柱表》中开列了三行，每行的“柱编号”都是 KZ1，这样才能便于看出同一根 KZ1 在不同楼层上的柱截面的变化。但是，有的设计人员不是这样做的，他把同一根框架柱，在一层时编号为 KZ1、在二层时编号为 KZ2、在三层时编号为 KZ3……这样一来，给《柱表》的编制带来了困难，也给软件的处理带来了困难。因此，同一根框架柱在不同的楼层时应该统一柱编号。

剪力墙的暗柱则可能存在一些麻烦。例如，同一根暗柱，在一、二层时可能是约束边缘暗柱，到了第三层及以上时，就变成构造边缘暗柱了。但是，这不妨碍把它们编成同一“序号”，在一、二层时把这个暗柱编号为“YJZ1”，而在第三层及以上时编号为“GJZ1”。

细节：平法钢筋计算的计划和部署

在充分阅读和研究图样的基础上，就可以制订平法钢筋计算的计划和部署。这主要是划分楼层时如何正确划定“标准层”的问题。

在划分楼层时，要比较各楼层的结构平面图的布局，看看哪些楼层是类似的，处理时尽管不能纳入同一个“标准层”，但是可以在分层计算钢筋的时候，尽可能利用前面某一楼层计算的成果。在运行平法钢筋计算软件中，也可以使用“楼层拷贝”功能，把前面某一个楼层的平面布置连同钢筋标注都拷贝过来，稍加改动，就能将新楼层的钢筋工程量计算出来。

一般在划分楼层时，有些楼层是需要单独进行计算的，这包括：基础、地下室、一层、中间的柱（墙）变截面楼层、顶层。

在进入钢筋计算之前，还必须准备好进行钢筋计算的基础数据准备，这包括：抗震等级（以及抗震设防烈度）、混凝土强度等级、各类构件钢筋的类型、各类构件的保护层厚度、各类构件的钢筋锚固长度和搭接长度、分布钢筋的直径和间距等。

细节：各类构件的钢筋计算

在进行了阅读和研究图样、划分楼层、设定标准层和基础数据的准备工作之后，就可以进入各类构件的钢筋计算了。

在框架柱纵筋计算中，主要是计算基础插筋、地下室柱纵筋、一层的柱纵筋、标准层的柱纵筋、顶层的柱纵筋和变截面楼层的柱纵筋。在框架柱箍筋的计算中，要注意加密区和非加密区的箍筋计算，还有复合箍筋的计算。

对于框架梁和非框架梁的钢筋计算，由于梁是一种平面的构件，不受楼层层高影响，因此实行分楼层钢筋计算比较容易。

楼板也是一种平面的构件，不受楼层层高影响。楼板的钢筋计算包括：单块板下部纵筋的计算、上部贯通钢筋的计算、下部贯通钢筋的计算、挑筋的计算和扣筋的计算等。

剪力墙是一种垂直的构件，受到楼层层高的影响，这一点与框架柱类似。剪力墙各种钢筋的计算包括：剪力墙的墙身、端柱、暗柱、暗梁、连梁和边框梁的钢筋计算。

各种钢筋的计算结果，将体现在工程钢筋表中。

细节：工程钢筋表

工程钢筋表是工程结构的一个重要文件。传统的工程结构设计方法，由设计院提供了从结构平面图、构造详图到工程钢筋表等一整套工程施工图。现在推行了平法设计方法，设计院只提供结构平面图，预算员、施工员和钢筋工要从平法标准图集中去查找相应的节点构造详图，自己动手编制出工程钢筋表。

本节将介绍工程钢筋表的主要内容，见表2-1。

表2-1 工程钢筋表的主要内容

构件名称	构件数量	钢筋编号	钢筋规格	钢筋形状	每根长度/mm	每构件根数/根	每构件总长度/m	每构件总重量/kg
（梁）								
KL1	3	1	Φ25	 375 25740 375	26490	2	52.980	204.132
KL1	3	2	φ6	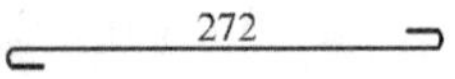 272	431	110	47.410	10.525
KL1	3	3	φ6	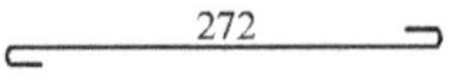 272	431	59	25.429	5.645
KL1	3	4	φ10	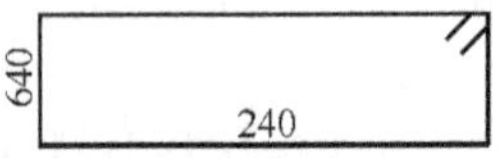 640 240	2020	156	315.120	194.429
KL1	3	5	Φ25	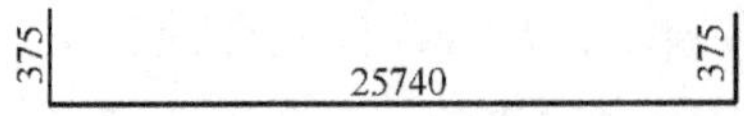 375 25740 375	26490	5	132.450	510.330
KL1	3	6	Φ25	 375 6395	6770	2	13.540	52.170
KL1	3	7	Φ25	 375 5807	6182	4	24.728	95.277
KL1	3	8	φ10	 3225	3350	4	13.400	8.268

工程钢筋表的项目包括：构件名称、构件数量、钢筋编号、钢筋规格、钢筋形状、每根长度、每构件根数、每构件总长度、每构件总重量等。

其中：

钢筋形状为每种钢筋的大样图，图中标注钢筋的细部尺寸——这是钢筋计算的主要内容之一。

钢筋根数也是钢筋计算的主要内容之一。

每根长度——钢筋细部尺寸之和。

每构件长度=每根长度×钢筋根数

每构件重量=每构件长度×该钢筋的每米重量

总重量=单个构件的所有钢筋的重量之和×构件数量

从上面的介绍可以看到，计算出“每根长度”和“钢筋根数”，就等于计算出钢筋工程量。

细节：工程钢筋汇总

从工程施工的钢筋备料需要和工程预算的需要出发，应进行钢筋工程量汇总工作。

常用的钢筋工程量汇总有三种形式：

1. 按钢筋规格汇总

分别按 HPB300 级钢筋、HRB335 级钢筋和 HRB400 级钢筋进行钢筋工程量汇总。

在每种级别钢筋的汇总中，分别按不同的钢筋规格进行钢筋工程量汇总。钢筋的规格按直径（mm）的级差排列，例如，6、8、10、12、14、16、18、20、22、25……

2. 按构件汇总

分别按柱、墙、梁、板、楼梯、基础等构件来进行钢筋工程量汇总。

在每种构件的钢筋工程量汇总中，可以采用上述的方式进行汇总，即：

分别按 HPB300 级钢筋、HRB335 级钢筋和 HRB400 级钢筋进行钢筋工程量汇总。

在每种级别钢筋的汇总中，分别按不同的钢筋规格进行钢筋工程量汇总。

3. 按定额的规定进行钢筋工程量汇总

由于不同的定额对钢筋工程量的划分不同，因此要具体问题具体分析。

例如，有的定额按“直径在 10mm 以内”“直径在 10mm 以上、20mm 以内”和“直径在 20mm 以上”来划分钢筋工程量。

“直径在 10mm 以内”的钢筋包括：直径为 6mm、8mm、10mm 的钢筋。

“直径在 10mm 以上、20mm 以内”的钢筋包括：直径为 12mm、14mm、16mm、18mm、20mm 的钢筋。

“直径在 20mm 以上”的钢筋包括：直径为 22mm、25mm 以及更大直径的钢筋。

又如，有的定额是直接按不同直径的钢筋进行计价，那就不必对不同直径的钢筋进行汇总了。

说明：现在的工程预算和工程结算中，直径为 6mm 的钢筋都按照直径为 6.5mm 来进行计算，这是由于轧钢厂的模具直径偏大的缘故，定额管理部门已经认可这一事实，而且在新定额中已经正式把直径为“6.5mm”的钢筋纳入定额项目。

细节：钢筋下料表

钢筋下料表是工程施工所必需的表格，钢筋工尤其需要这样的表格，因为它可以指导钢筋工进行钢筋下料，见表 2-2。

下面将介绍钢筋下料表的主要内容，重点内容是钢筋下料表中的“每根长度”的计算，其中要考虑“钢筋弯曲伸长”的影响。

表2-2 钢筋下料表

构件名称	构件数量	钢筋编号	钢筋规格	钢筋形状	每根长度/mm	每构件根数/根	每构件总长度/m	每构件总重量/kg
（梁）								
KL1	3	1	Φ25	375 25740 375	26402	2	52.804	203.454
KL1	3	2	φ6	272	431	110	47.410	10.525
KL1	3	3	φ6	272	431	59	25.429	5.645
KL1	3	4	φ10	640 240	2020	156	315.120	194.429
KL1	3	5	Φ25	375 25740 375	26402	5	132.010	508.635
KL1	3	6	Φ25	375 6395	6726	2	13.452	51.831
KL1	3	7	Φ25	375 5807	6138	4	24.552	94.599
KL1	3	8	φ10	3225	3350	4	13.400	8.268

1. “钢筋下料表”与“工程钢筋表”的异同

“钢筋下料表”的内容与“工程钢筋表”相似，也具有下列项目：构件名称、构件数量、钢筋编号、钢筋规格、钢筋形状、每根长度、每构件根数、每构件总长度、每构件总重量。

其中，“钢筋下料表”的构件编号、构件数量、钢筋编号、钢筋规格、钢筋形状、钢筋根数这些项目与“工程钢筋表”完全一致，只是在“每根长度”这个项目上，“钢筋下料表”与“工程钢筋表”有很大的不同：

“工程钢筋表”中某根钢筋的“每根长度”是钢筋形状中各段细部尺寸之和；而“钢筋下料表”某根钢筋的“每根长度”不仅是钢筋各段细部尺寸之和，而且还要扣减在钢筋弯曲加工中的弯曲伸长值。

要了解钢筋的弯曲伸长值，还得从钢筋的弯曲加工操作开始介绍。

2. 钢筋的弯曲加工操作

在弯曲钢筋的操作中，除了直径较小的钢筋（一般是直径为6mm、8mm、10mm的钢筋）采用钢筋扳子进行手工弯曲之外，直径较大的钢筋都是采用钢筋弯曲机来进行弯曲的。

钢筋弯曲机的工作盘上面有心轴和成型轴，工作台上还有用以固定钢筋的挡铁轴。在弯曲钢筋时工作盘转动，靠心轴和成型轴的力矩使钢筋弯曲。钢筋弯曲机工作盘的转动是可以变速的，工作盘转速慢，可以弯曲直径较大的钢筋；工作盘转速快，可以弯曲直径较小的钢筋。

在弯曲不同直径的钢筋时，心轴和成型轴是可以更换成不同直径的。更换的原则是：要考虑到弯曲钢筋的内圆弧，这样心轴直径应该是钢筋直径的2.5~3倍，同时钢筋在心轴和成型轴之间的空隙不要超过2mm。

3. 钢筋的弯曲伸长值

钢筋弯曲之后，其长度会发生变化。一根直钢筋，弯曲几道弯以后，测量其几个分段的长度相加起来，其长度的汇总值超过了直钢筋原来的长度，这就是“弯曲伸长”的影响。

弯曲伸长的原因如下：

1）钢筋经过弯曲之后，弯角处是一个圆弧，而不是直角。但是量度钢筋是从钢筋外边缘线的交点量起，这样就把钢筋量长了。

2）测量钢筋长度时，是以外包尺寸作为量度标准，这样就会重复测量一部分长度，尤其是弯曲90°及90°以上的钢筋。

3）钢筋在实施弯曲操作的时候，在弯曲变形的外侧圆弧上会发生一定的伸长。

实际上，影响钢筋弯曲伸长的因素很多，不同的钢筋直径、不同的钢筋种类、弯曲操作时选用不同的钢筋弯曲机的心轴直径等，都会对钢筋的弯曲伸长率带来不同的影响。因此，应该在钢筋弯曲实际操作中收集实测数据，根据施工实践的第一手资料来确定具体的弯曲伸长率。现在有不少人单纯依靠几何图形的数值计算来测定“弯曲伸长率”，显然有失偏颇。

细节：平法梁图上作业法

在编制平法钢筋自动计算软件的过程中，经常进行软件测试工作，就是把计算机软件计算出来的结果和手工计算的结果进行比较。

所谓“平法梁图上作业法”就是一个手工计算平法梁钢筋的方法。它把平法梁的原始数据（轴线尺寸、原位标注和集中标注）、中间的计算过程和最后的计算结果都写在一张草稿纸上，数据关系清楚，层次分明，便于检查，提高了计算的准确性和可靠性。

下面结合一个实例来介绍“平法梁图上作业法”的操作步骤。这个例子是一个普通的三跨框架梁。

以KL1（3）为例：这是一个3跨的框架梁，无悬挑。

KL1的截面尺寸为250mm×700mm，第一、第三跨轴线跨度为6000mm，第二跨轴线跨度为1800mm，框架梁的原位标注和集中标注如图2-1所示。

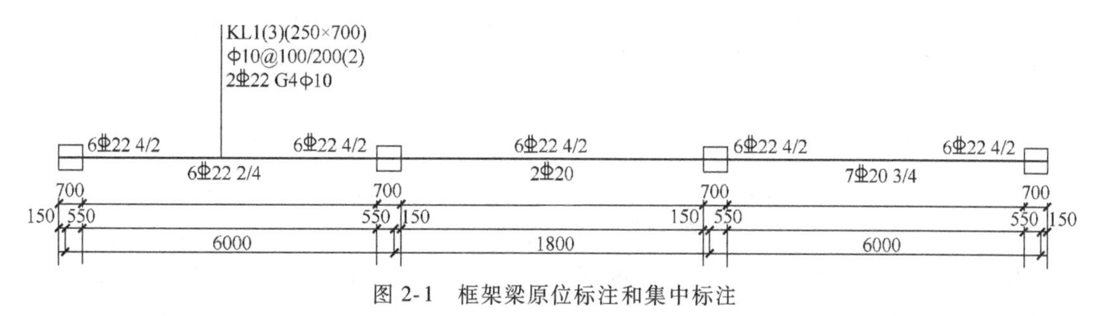

图2-1　框架梁原位标注和集中标注

作为支座的框架柱KZ1截面尺寸为700mm×750mm，作为KL1支座的宽度为700mm，支座偏中情况：对于第一、第三跨来说是偏外150mm，偏内550mm。

混凝土强度等级C25，一级抗震等级。

1．“平法梁图上作业法”的目标

1）目标是：根据“平法梁”的原始数据，计算钢筋。

2）原始数据

① 轴线数据、柱和梁的截面尺寸；

②“平法梁”原位标注和集中标注的数据。

3）计算结果

各种钢筋规格、细部尺寸、形状、根数（包括梁的上部通长筋、架立筋、支座负筋、下部纵筋、侧面构造钢筋、侧面抗扭钢筋、箍筋和拉筋）。

2．工具

1）多跨梁柱的示意图，不一定按比例绘制，只要表示出轴线尺寸、柱宽及偏中情况。

2）梁内钢筋布置的“七线图”（一般为上部纵筋3线、下部纵筋4线），要求不同的钢筋分线表示，如图2-2所示。

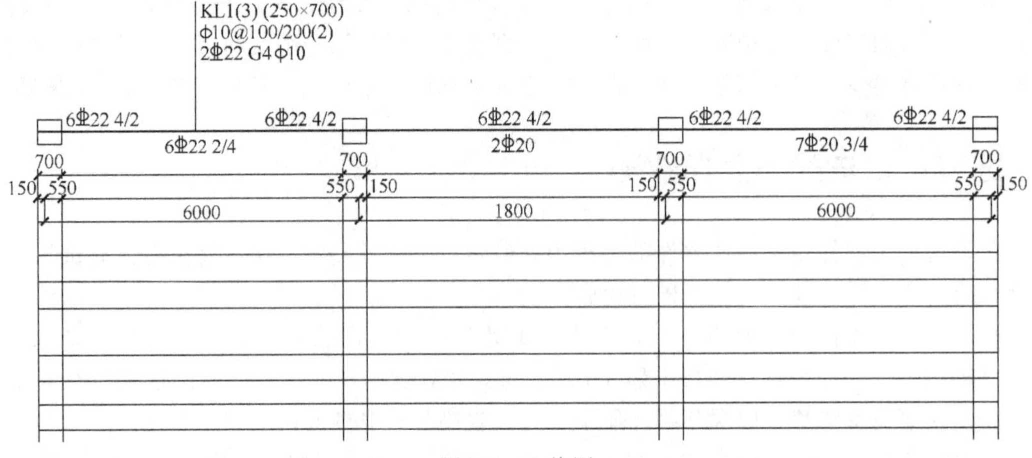

图2-2 七线图

说明：这样就避免了出现在梁的配筋构造详图中同一层面的钢筋互相重叠看不清楚的现象。

3）同时，在每跨梁支座的左右两侧画出每跨梁 $l_n/3$ 和 $l_n/4$ 的大概位置。

4）图的下方空地用于计算中间数据。如果有条件，可以用不同颜色的数据表示图中的原始数据、中间数据和计算结果，方便观看。

3．步骤

1）按一道梁的实际形状画出多跨梁柱的示意图，包括轴线尺寸、柱宽及偏中情况、每跨梁 $l_n/3$ 和 $l_n/4$ 的大概位置以及梁的“七线图”框架。

2）按照“先定性、后定量”的原则，画出梁的各层上部纵筋和下部纵筋的形状和分布图，同层次的不同形状或规格的钢筋要画在“七线图”中不同的线上，梁两端的钢筋弯折部分要按构造要求逐层向内缩进。

缩进的层次由外向内分别为：梁的第一排上部纵筋、第二排上部纵筋；或者是梁的第一排下部纵筋、第二排下部纵筋（即所谓“1、2、1、2”配筋方案）。

3）标出每种钢筋的根数，如图 2-3 所示。

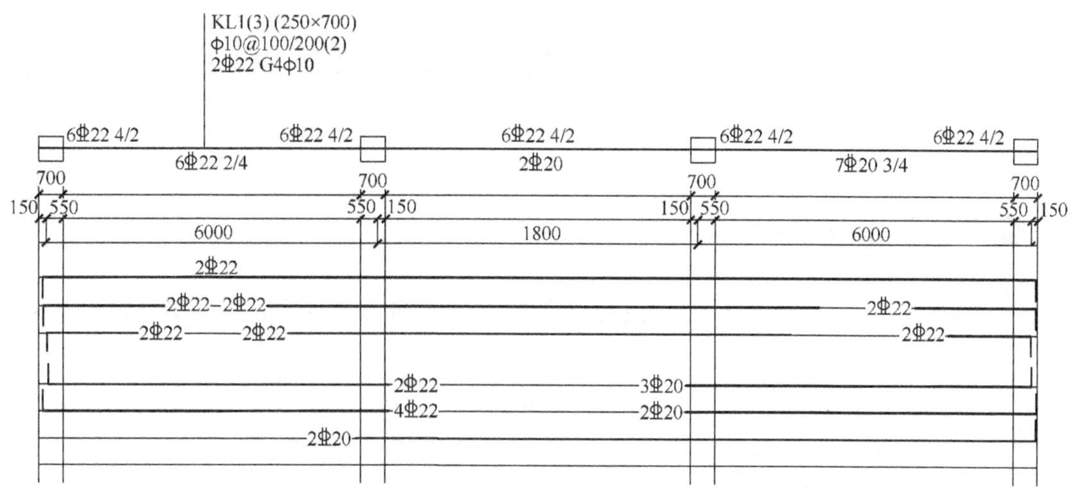

图 2-3　钢筋的根数

第3章　梁　构　件

细节：梁的构件代号

为了便于标注，“平面整体表示方法制图规则”对各种类型的梁，规定了它们的构件代号，见表3-1。

表3-1　梁构件代号表

构　件　名　称	构　件　代　号
楼层框架梁	KL
楼层框架扁梁	KBL
屋面框架梁	WKL
框支梁	KZL
托柱转换梁	TZL
非框架梁	L
悬挑梁	XL
井字梁	JZL

在框架体系中，“框架梁”是以钢筋混凝土框架柱为支撑固接点的梁，其代号为KL。如果在框架体系中，梁的一端是以非框架柱为支撑点，或两端均以非框架柱为支撑点，此时的梁，就不能再叫做框架梁，而只能叫做“梁”。它的代号是写作L。

在前面，已经用一个单跨框架梁的例子，讲了平法制图中有关原位标注和集中标注的方法。但是，在多数情况下，框架梁的跨数是多跨的。

截面尺寸、通长筋的数量及规格和箍筋等相同的梁，要求编成相同的“序号”。

细节：梁集中标注的必注项和选注项

梁的集中标注如图3-1所示。

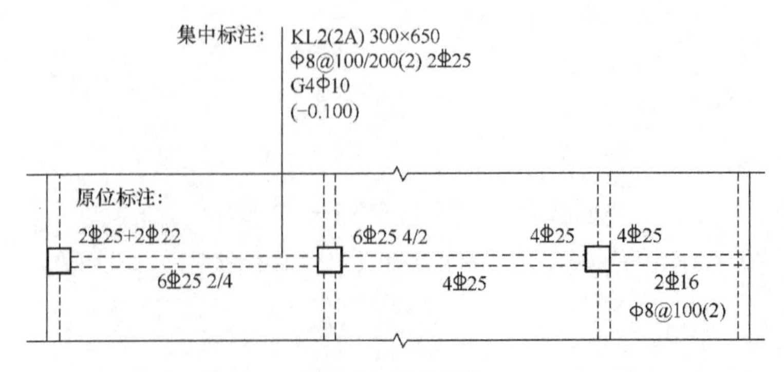

图3-1　集中标注

在梁的集中标注中，可以划分为两大类：必注项和选注项。

在梁的集中标注中，必注项有：梁编号、梁截面尺寸、梁箍筋、梁上部通长筋或架立筋配置、梁侧面纵向构造钢筋或受扭钢筋配置。

选注项有：梁顶面标高高差。

细节：梁编号标注

梁编号标注的一般格式：BHm（n）或 BHm（nA）或 BHm（nB）

其中：BH（编号）包括：

KL	表示框架梁
KBL	表示框架扁梁
WKL	表示屋面框架梁
KZL	表示框支梁
TZL	表示托柱转换梁
L	表示非框架梁
XL	表示纯悬挑梁
m	表示梁序号
n	表示梁跨数
A	表示一端有悬挑
B	表示两端有悬挑

【例 3-1】 常见的梁编号标注。

KL1（3）：框架梁第 1 号，3 跨，无悬挑。

WKL1（3）：屋面框架梁第 1 号，3 跨，无悬挑。

KZL1（1）：框支梁第 1 号，1 跨，无悬挑。

L2（1）：非框架梁第 2 号，1 跨，无悬挑。

XL1：纯悬挑梁第 1 号

细节：梁截面尺寸标注

当为等截面梁时，用 $b \times h$ 表示；当为竖向加腋梁时，用 $b \times h$ Y$c_1 \times c_2$ 表示，如图 3-2 所示；当为水平加腋梁时，一侧加腋时用 $b \times h$ PY$_1c_1 \times c_2$ 表示，加腋部位应在平面图中绘制，如图 3-3 所示；当有悬挑梁且根部和端部的高度不同时，用斜线分隔根部与端部的高度值，即为：

$$b \times h_1/h_2 \text{(见图 3-4)}$$

式中 b——梁宽（mm）；

h——梁高（mm）；

h_1——悬臂梁根部高（mm）；

h_2——悬臂梁端部高（mm）。

说明：施工图上的平面尺寸数据一律采用毫米（mm）为单位。

【**例 3-2**】普通梁截面尺寸标注。

400×600：截面宽度 400mm，截面高度 600mm。

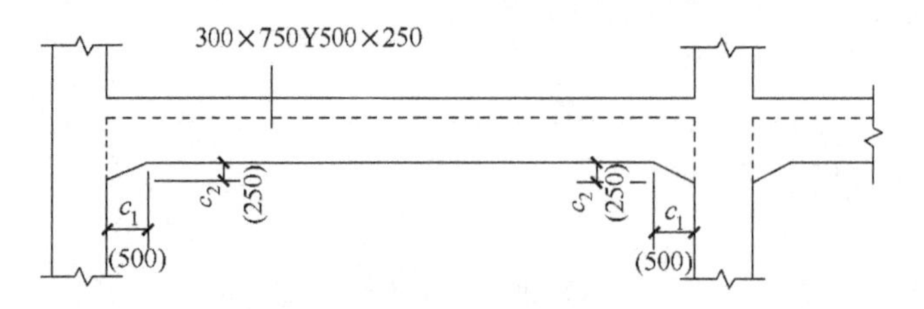

图 3-2　竖向加腋梁截面注写方式

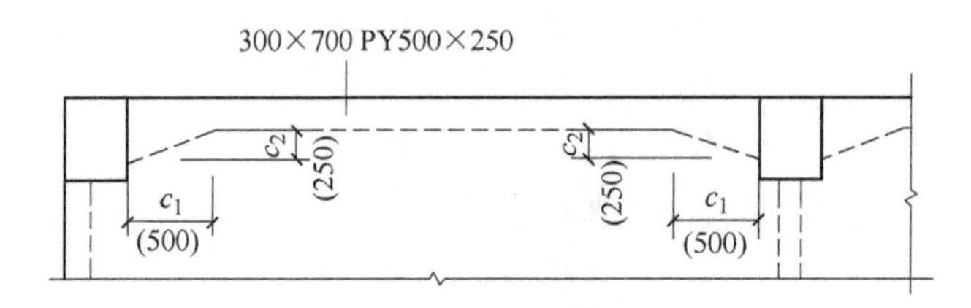

图 3-3　水平加腋截面注写方式

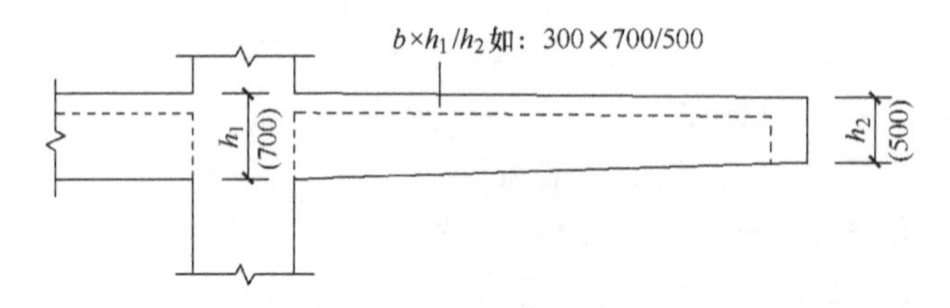

图 3-4　悬挑梁不等高截面注写方式

细节：梁箍筋标注

梁箍筋，包括钢筋级别、直径，加密区与非加密区间距及肢数。箍筋加密区与非加密区的不同间距及肢数需用斜线“/”分隔：当梁箍筋为同一种间距及肢数时，则不需用斜线；当加密区与非加密区的箍筋肢数相同时，则将肢数注写一次；箍筋肢数应写在括号内。加密区范围见相应抗震级别的标准构造详图。

非框架梁、悬挑梁、井字梁采用不同的箍筋间距及肢数时，也用斜线“/”将其分隔开。注写时，先注写梁支座端部的箍筋（包括箍筋的箍数、钢筋级别、直径、间距与肢数），在斜线后注写梁跨中部分的箍筋间距及肢数。

梁箍筋标注格式：

$$\Phi d@n(z) \text{ 或 } \Phi d@m/n(z) \text{ 或 } \Phi d@m(z_1)/n(z_2)$$

$$\text{或 } s\Phi d@m/n\ (z) \text{ 或 } s\Phi d@m\ (z_1)\ /n\ (z_2)$$

式中 d——钢筋直径（mm）；

m、n——箍筋间距（mm）；

z、z_1、z_2——箍筋肢数（mm）；

s——梁两端的箍筋根数（根）。

【例 3-3】 最常见的梁箍筋标注格式。

Φ8@100/150（4）：箍筋为HPB300钢筋，直径为8mm，加密区间距为100mm，非加密区间距为150mm，均为四肢箍。

【例 3-4】 较常见的梁箍筋标注格式。

Φ8@200（2）：箍筋为HPB300钢筋，直径为8mm，两肢箍，间距为200mm，不分加密区与非加密区。

细节：梁上部通长筋标注

梁上部通长筋配置（通长筋可为相同或不同直径采用搭接连接、机械连接或焊接连接的钢筋），所注规格与根数应根据结构受力要求及箍筋肢数等构造要求而定。当同排纵筋中既有通长筋又有架立筋时，应用加号“+”将通长筋和架立筋相连。注写时需将角部纵筋写在加号的前面，架立筋写在加号后面的括号内，以示不同直径及与通长筋的区别。当全部采用架立筋时，则将其写入括号内。

当梁的上部纵筋和下部纵筋为全跨相同，且多数跨配筋相同时，此项可加注下部纵筋的配筋值，用分号“;”将上部与下部纵筋的配筋值分隔开。

梁上部通长筋标注格式：

$$s\Phi d \text{ 或 } s_1\Phi d_1 + s_2\Phi d_2$$

$$\text{或 } s_1\Phi d_1+(s_2\Phi d_2) \text{ 或 } s_1\Phi d_1;\ s_2\Phi d_2$$

式中 d、d_1、d_2——钢筋直径（mm）；

s、s_1、s_2——钢筋根数（根）。

【例 3-5】 几种上部通长筋的标注格式。

2⌀25：梁上部通长筋（用于双肢箍）。

2⌀25+2⌀22：梁上部通长筋（两种规格，其中加号前面的钢筋放在箍筋角部）。

6⌀25 4/2：梁上部通长筋（两排钢筋：第一排4根，第二排2根）。

【例 3-6】 下面的例子中，“;”号前面的是上部通长筋。

3⌀22；3⌀20：梁上部通长筋3⌀22，梁下部通长筋3⌀20。

【例 3-7】 下面的例子中，“+”号前面的是上部通长筋。

2⌀22+(2⌀12)：均为梁上部钢筋，2⌀22为通长筋，2⌀12为架立筋。

细节：梁的架立筋标注

架立钢筋是梁上部的纵向构造钢筋。

框架梁的架立筋标注格式：

$$s_1\Phi d_1 + (s_2\Phi d_2)$$

式中　d_1、d_2——钢筋直径（mm）；

s_1、s_2——钢筋根数（根）。

说明："+" 号后面圆括号里面的是架立筋。

非抗震框架梁或非框架梁的架立筋标注格式：

$$s_1 \Phi d_1 + (s_2 \Phi d_2) \text{ 或 } (s_2 \Phi d_2)$$

说明：后一种格式，表示这根梁上部纵筋集中标注全部采用架立筋。

【例 3-8】　框架梁 KL1 的上部纵筋标注格式。

3⌀22+(4Φ12)：3⌀22 为上部通长筋，4Φ12 为架立筋。

【例 3-9】　非框架梁 L1 的上部纵筋标注格式。

(4Φ12)：梁上部纵筋的集中标注为架立筋 4Φ12。

细节：梁下部通长筋标注

梁下部通长筋标注格式：

$$s_1 \Phi d_1;\ s_2 \Phi d_2$$

式中　d_1、d_2——钢筋直径（mm）；

s_1、s_2——钢筋根数（根）。

说明：";" 号后面的 $s_2 \Phi d_2$ 是下部通长筋。

【例 3-10】　下面的例子中，";" 号后面的是下部通长筋。

3⌀22；3⌀20：梁上部通长筋 3⌀22，梁下部通长筋 3⌀20。

细节：梁侧面构造钢筋标注

当梁腹板高度 $h_w \geq 450$mm 时，需配置纵向构造钢筋，所注规格与根数应符合规范规定。此项注写值以大写字母 G 打头，接续注写配置在梁两个侧面的总配筋值，且对称配置。

梁侧面构造钢筋标注格式：

$$Gs \Phi d \text{（G 表示“侧面构造钢筋”）}$$

式中　d——钢筋直径（mm）；

s——钢筋根数（根）。

【例 3-11】

G4Φ12 表示梁的两个侧面共配置 4Φ12 的纵向构造钢筋，每侧各配置 2Φ12。

细节：梁受扭钢筋标注

当梁侧面需配置受扭纵向钢筋时，此项注写值以大写字母 N 打头，接续注写配置在梁两个侧面的总配筋值，且对称配置。受扭纵向钢筋应满足梁侧面纵向构造钢筋的间距要求，且不再重复配置纵向构造钢筋。

说明："侧面受扭钢筋" 也称为 "侧面抗扭钢筋"。

梁侧面抗扭钢筋标注格式：$Ns \Phi d$（N 表示 "侧面抗扭钢筋"）

式中 d——钢筋直径（mm）；

s——钢筋根数（根）。

【例 3-12】

N6⌀22 表示梁的两个侧面共配置 6⌀22 的受扭纵向钢筋，每侧各配置 3⌀22。

说明：1. 当为梁侧面构造钢筋时，其搭接与锚固长度可取为 15d。

2. 当为梁侧面受扭纵向钢筋时，其搭接长度为 l_l 或 l_{lE}，锚固长度为 l_a 或 l_{aE}；其锚固方式同框架梁下部纵筋。

细节：梁顶面标高高差标注

梁顶面标高高差，是指相对于结构层楼面标高的高差值，对于位于结构夹层的梁，则指相对于结构夹层楼面标高的高差。有高差时，需将其写入括号内，无高差时不注。

当某梁的顶面高于所在结构层的楼面标高时，其标高高差为正值，反之为负值。例如，某结构层的楼面标高为 44.950m 和 48.250m，当这两个标准层中某梁的梁顶面标高高差注写为（-0.050）时，即表明该梁顶面标高分别相对于 44.950m 和 48.250m 低 0.05m。

细节：原位标注梁

1）梁支座上部纵筋，该部位含通长筋在内的所有纵筋：

① 当上部纵筋多于一排时，用斜线“/”将各排纵筋自上而下分开。

② 当同排纵筋有两种直径时，用加号“+”将两种直径的纵筋相连，注写时将角部纵筋写在前面。

③ 当梁中间支座两边的上部纵筋不同时，需在支座两边分别标注；当梁中间支座两边的上部纵筋相同时，可仅在支座的一边标注配筋值，另一边省去不注，如图 3-5 所示。

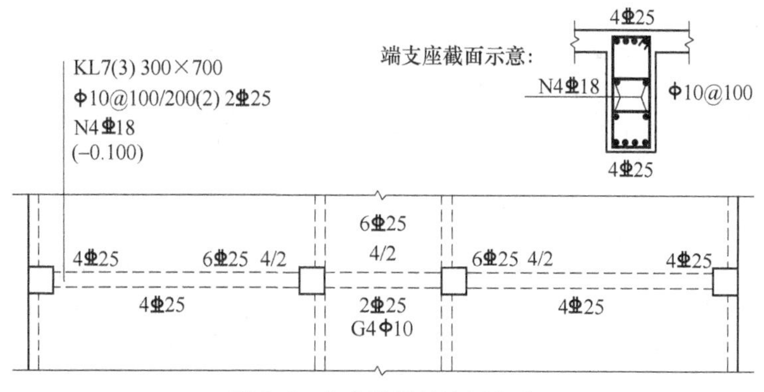

图 3-5 大小跨梁的注写方式

设计时应注意：

a. 对于在支座两边有不同配筋值的上部纵筋，宜尽可能选用相同直径（不同根数），使其贯穿支座，避免支座两边不同直径的上部纵筋均在支座内锚固。

b. 对于以边柱、角柱为端支座的屋面框架梁，当能够满足配筋截面面积要求时，其梁的上部钢筋应尽可能只配置一层，以避免梁柱纵筋在柱顶处因层数过多、密度过大导致不方便施工和影响混凝土浇筑质量。

2）梁下部纵筋

① 当下部纵筋多于一排时，用斜线“/”将各排纵筋自上而下分开。

② 当同排纵筋有两种直径时，用加号“+”将两种直径的纵筋相连，注写时角筋写在前面。

③ 当梁下部纵筋不全部伸入支座时，将梁支座下部纵筋减少的数量写在括号内。

④ 当梁的集中标注中已按上述规定分别注写了梁上部和下部均为通长的纵筋值时，则不需在梁下部重复作原位标注。

⑤ 当梁设置竖向加腋时，加腋部位下部斜纵筋应在支座下部以Y打头注写在括号内，如图3-6所示。11G101-1图集中框架梁竖向加腋构造适用于加腋部位参与框架梁计算的情况，其他情况设计者应另行给出构造。当梁设置水平加腋时，水平加腋内上、下部斜纵筋应在加腋支座上部以Y打头注写在括号内，上下部斜纵筋之间用“/”分隔，如图3-7所示。

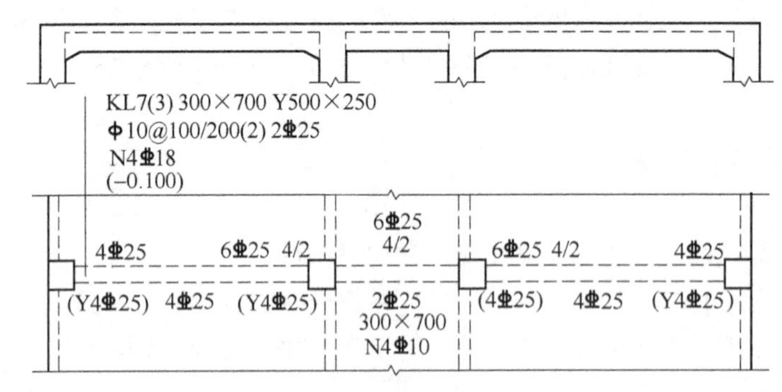

图3-6　梁加腋平面注写方式

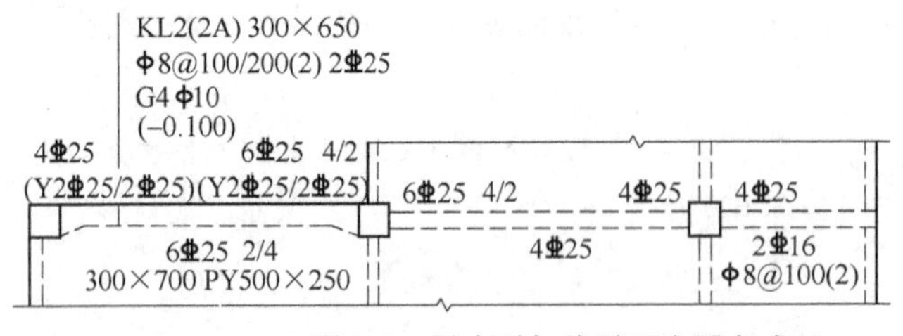

图3-7　梁水平加腋平面注写方式

3）当在梁上集中标注的内容（即梁截面尺寸、箍筋、上部通长筋或架立筋，梁侧面纵向构造钢筋或受扭纵向钢筋，以及梁顶面标高高差中的某一项或几项数值）不适用于某跨或某悬挑部分时，则将其不同数值原位标注在该跨或该悬挑部位，施工时应按原位标注数值取用。

当在多跨梁的集中标注中已注明加腋，而该梁某跨的根部却不需要加腋时，则应在该跨原位标注等截面的 $b\times h$，以修正集中标注中的加腋信息，如图3-6所示。

4）附加箍筋或吊筋，将其直接画在平面图中的主梁上，用线引注总配筋值（附加箍筋的肢数注在括号内），如图3-8所示。当多数附加箍筋或吊筋相同时，可在梁平法施工图上统一注明，少数与统一注明值不同时，再原位引注。

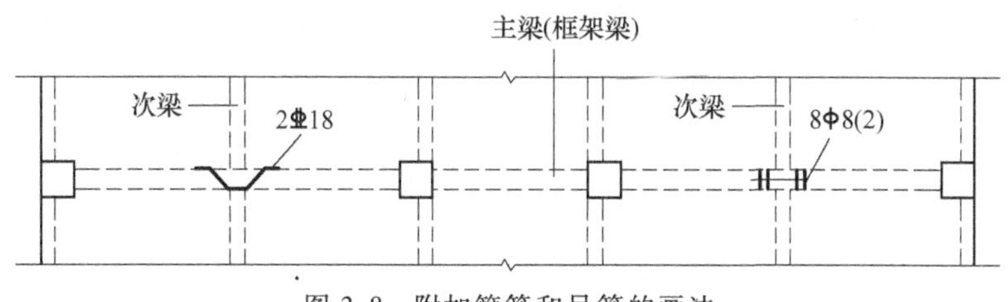

图 3-8 附加箍筋和吊筋的画法

施工时应注意：附加箍筋或吊筋的几何尺寸应按照标准构造详图，结合其所在位置的主梁和次梁的截面尺寸确定。

细节：框架扁梁注写方式

1）框架扁梁注写规则同框架梁，对于上部纵筋和下部纵筋，尚需注明未穿过柱截面的纵向受力钢筋根数（见图 3-9）。

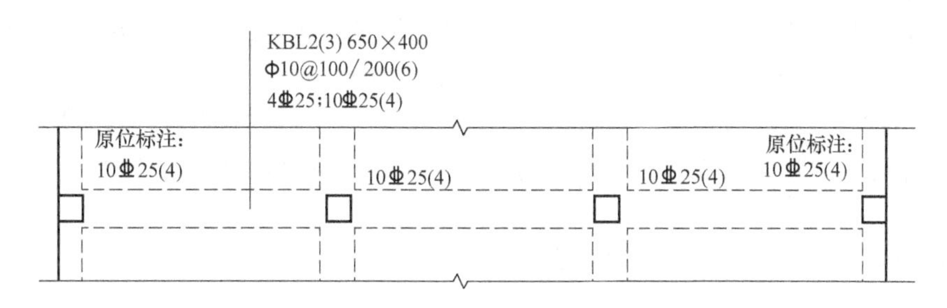

图 3-9 平面注写方式示例

【例 3-13】 10Φ25（4）表示框架扁梁有 4 根纵向受力钢筋未穿过柱截面，柱两侧各 2 根，施工时，应注意采用相应的构造做法。

2）框架扁梁节点核心区代号为 KBH，包括柱内核心区和柱外核心区两部分。框架扁梁节点核心区钢筋注写包括柱外核心区竖向拉筋及节点核心区附加纵向钢筋，端支座节点核心区尚需注写附加 U 形箍筋。

柱内核心区箍筋见框架柱箍筋。

柱外核心区竖向拉筋，注写其钢筋级别与直径；端支座柱外核心区尚需注写附加 U 形箍筋的钢筋级别、直径及根数。

框架扁梁节点核心区附加纵向钢筋以大写字母“F”打头，注写其设置方向（X 向或 Y 向）、层数、每层的钢筋根数、钢筋级别、直径及未穿过柱截面的纵向受力钢筋根数。

【例 3-14】 KBH1 Φ10，F X&Y 2×7Φ14（4），表示框架扁梁中间支座节点核心区：柱外核心区竖向拉筋 Φ10；沿梁 X 向（Y 向）配置两层 7Φ14 附加纵向钢筋，每层有 4 根纵向受力钢筋未穿过柱截面，柱两侧各 2 根；附加纵向钢筋沿梁高度范围均匀布置，见图 3-10（a）。

【例 3-15】 KBH2 Φ10，4 Φ10，F X 2×7Φ14（4），表示框架扁梁端支座节点核心区：柱外核心区竖向拉筋Φ10；附加 U 形箍筋共 4 道，柱两侧各 2 道；沿框架扁梁 X 向配置两层

7Φ14 附加纵向钢筋，有 4 根纵向受力钢筋未穿过柱截面，柱两侧各 2 根；附加纵向钢筋沿梁高度范围均匀布置，见图 3-10（b）。

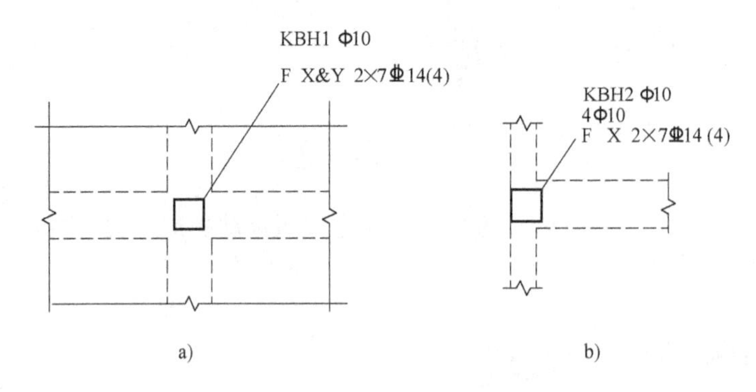

图 3-10 框架扁梁节点核心区附加钢筋注写示意

a）框架扁梁中间支座节点核心区 b）框架扁梁端支座节点核心区

设计、施工时应注意：

① 柱外核心区竖向拉筋在梁纵向钢筋两向交叉位置均布置，当布置方式与图集要求不一致时，设计应另行绘制详图。

② 框架扁梁端支座节点，柱外核心区设置 U 形箍筋及竖向拉筋时，在 U 形箍筋与位于柱外的梁纵向钢筋交叉位置均布置竖向拉筋。当布置方式与图集要求不一致时，设计应另行绘制详图。

③ 附加纵向钢筋应与竖向拉筋相互绑扎。

细节：楼层框架梁纵向钢筋构造

楼层框架梁纵向钢筋构造见表 3-2。

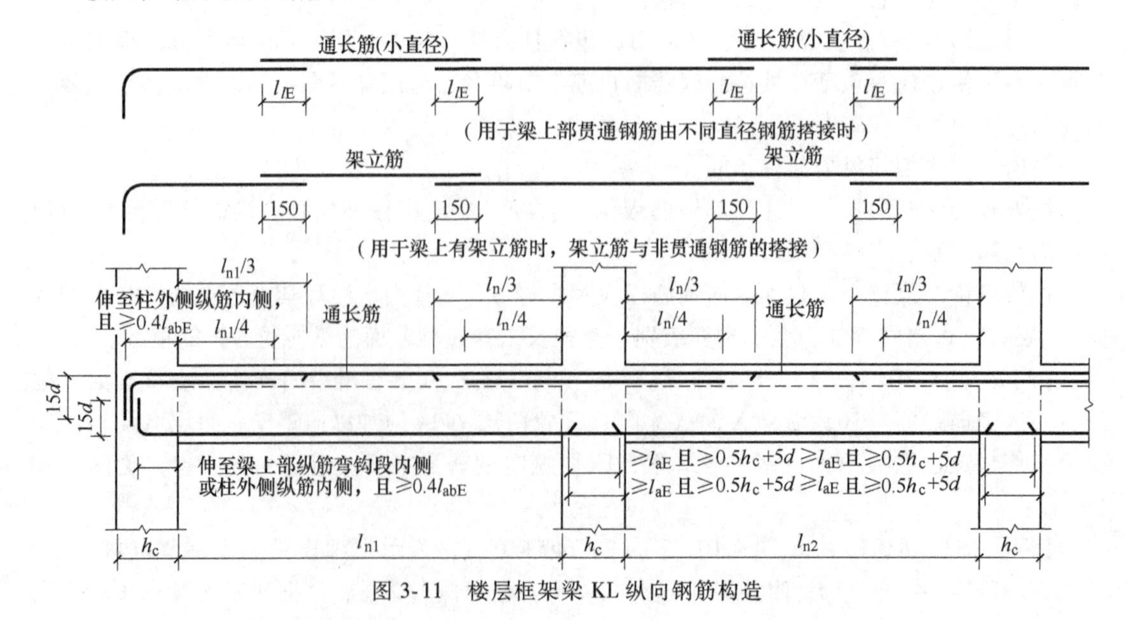

图 3-11 楼层框架梁 KL 纵向钢筋构造

表 3-2　楼层框架梁纵向钢筋构造

<table>
<tr><th>名　称</th><th>构　造　图</th><th>构 造 说 明</th></tr>
<tr><td>楼层框架梁
KL 纵向钢筋构造</td><td>图 3-11</td><td rowspan="4">字母释义：
l_{lE}——纵向受拉钢筋抗震搭接长度
l_{abE}——纵向受拉钢筋的抗震基本锚固长度
l_{aE}——纵向受拉钢筋抗震锚固长度
l_{n1}——左跨的净跨值
l_{n2}——右跨的净跨值
l_n——左跨 l_{ni} 和右跨 $l_{ni}+1$ 之较大值，其中 $i=1,2,3\cdots$
d——纵向钢筋直径
h_c——柱截面沿框架方向的高度
h_0——梁截面高度
构造图解析：
1）梁上部通长钢筋与非贯通钢筋直径相同时，连接位置宜位于跨中 $l_{ni}/3$ 范围内；梁下部钢筋连接位置宜位于支座 $l_{ni}/3$ 范围内；在同一连接区段内钢筋接头面积百分率不宜大于 50%
2）钢筋连接要求见 16G101-1 图集第 59 页
3）当梁纵筋（不包括侧面 G 打头的构造筋及架立筋）采用绑扎搭接接长时，搭接区内箍筋直径不小于 $d/4$（d 为搭接钢筋最大直径），间距不应大于 100mm 及 $5d$（d 为搭接钢筋最小直径）
4）梁侧面构造钢筋要求见本章侧面纵向构造钢筋及拉筋的构造
5）当上柱截面尺寸小于下柱截面尺寸时，梁上部钢筋的锚固长度起算位置应为上柱内边缘，梁下纵筋的锚固长度起算位置为下柱内边缘</td></tr>
<tr><td>端支座加锚头
（锚板）锚固</td><td> 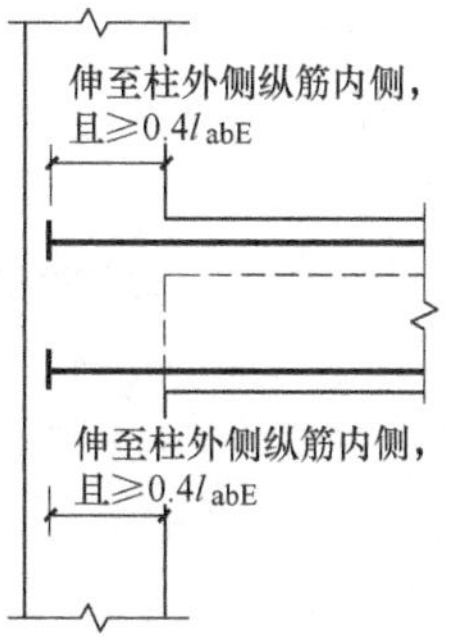伸至柱外侧纵筋内侧，且 $\geq 0.4l_{abE}$
伸至柱外侧纵筋内侧，且 $\geq 0.4l_{abE}$</td></tr>
<tr><td>端支座直锚</td><td> 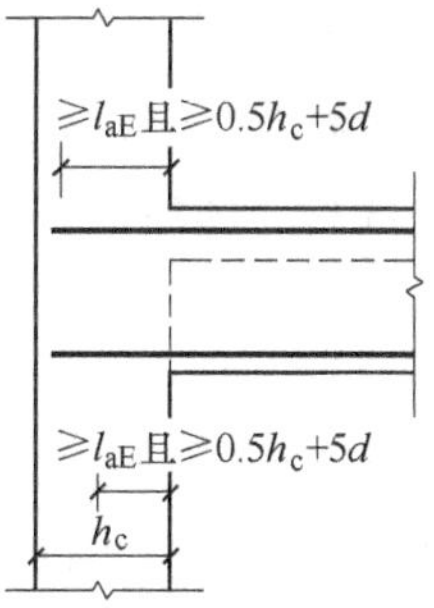$\geq l_{aE}$ 且 $\geq 0.5h_c+5d$
$\geq l_{aE}$ 且 $\geq 0.5h_c+5d$
h_c</td></tr>
<tr><td>中间层中间节点梁
下部筋在节点外搭接</td><td> 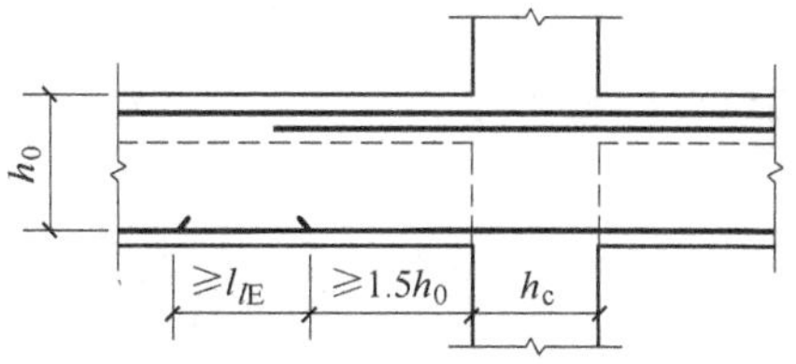h_0　$\geq l_{lE}$　$\geq 1.5h_0$　h_c
（梁下部钢筋不能在柱内锚固时，可在节点外搭接。相邻跨钢筋直径不同时，搭接位置位于较小直径一跨）</td></tr>
</table>

关于楼层框架梁纵向钢筋构造，需要从以下几个方面进行理解分析：

（1）框架梁上部纵筋的构造分析

框架梁上部纵筋包括：上部通长筋、支座上部纵向钢筋（习惯上称为支座负筋）和架立筋。此处所讲内容，对于屋面框架梁来说同样适用。

1）框架梁上部通长筋的构造

① 上部通长筋的直径可以小于支座负筋。这时，处于跨中的上部通长筋就在支座负筋的分界处（$l_n/3$），与支座负筋进行连接（据此，可算出上部通长筋的长度）。

由《建筑抗震设计规范》（GB 50011—2010）第 6.3.4 条可知，抗震框架梁需要布置 2 根直径 14mm 以上的上部通长筋。当设计的上部通长筋（即集中标注的上部通长筋）直径小于（原位标注）支座负筋直径时，在支座附近可以使用支座负筋执行通长筋的职能，此时，跨中处的通长筋就在一跨的两端 1/3 跨距的地方与支座负筋进行连接。

② 当上部通长筋与支座负筋的直径相等时，上部通长筋可以在 $l_n/3$ 的范围内进行连接（这种情况下，上部通长筋的长度可以按贯通筋计算）。

2）框架梁支座负筋的延伸长度。

框架梁的“支座负筋延伸长度”，端支座和中间支座是不同的。具体如下：

① 框架梁端支座的支座负筋延伸长度：第一排支座负筋从柱边开始延伸至 $l_{n1}/3$ 处；第二排支座负筋从柱边开始延伸至 $l_{n1}/4$ 处。

② 框架梁中间支座的支座负筋延伸长度：第一排支座负筋从柱边开始延伸至 $l_n/3$ 处；第二排支座负筋从柱边开始延伸至 $l_n/4$ 处。

3）框架梁架立筋的构造。架立钢筋是梁的一种纵向构造钢筋。当梁顶面箍筋转角处无纵向受力钢筋时，应设置架立钢筋。架立钢筋的作用是形成钢筋骨架和承受温度收缩应力。

框架梁不一定具有架立筋。例如，图 3-12 中的 KL1，由于 KL1 所设置的箍筋是两肢箍，两根上部通长筋已经充当了两肢箍的架立筋，所以在 KL1 的上部纵筋标注中就不需要注写架立筋了。

① 架立筋的根数＝箍筋的肢数－上部通长筋的根数

② 架立筋的长度＝梁的净跨长度－两端支座负筋的延伸长度＋150×2

（2）框架梁下部纵筋的构造分析

此处所讲内容，对于屋面框架梁来说同样适用。

1）框架梁下部纵筋的配筋方式基本上是“按跨布置”，即是在中间支座锚固。

2）钢筋“能通则通”一般是对于梁的上部纵筋说的；梁的下部纵筋则不强调“能通则通”，主要原因在于框架梁下部纵筋如果作贯通筋处理的话，很难找到钢筋的连接点。

3）框架梁下部纵筋连接点的分析。

① 首先，梁的下部钢筋不能在下部跨中进行连接，因为，下部跨是正弯矩最大的地方，钢筋不允许在此范围内连接。

② 梁的下部钢筋在支座内连接也是不可行的，因为，在梁柱交叉的节点内，梁纵筋和柱纵筋都不允许连接。

（3）框架梁中间支座的节点构造分析

此处所讲内容，对于屋面框架梁来说同样适用。

1）框架梁上部纵筋在中间支座的节点构造。在中间支座的框架梁上部纵筋一般是支座负筋。与支座负筋直径相同的上部通长筋在经过中间支座时，它本身就是支座负筋；与支座负筋直径不同的上部通长筋，在中间支座附近也是通过与支座负筋连接来实现“上部通长筋”功能的。

支座负筋在中间支座上一般有如下做法：

① 当支座两边的支座负筋直径相同、根数相等时，这些钢筋都是贯通穿过中间支座的。

② 当支座两边的支座负筋直径相同、根数不相等时，把“根数相等”部分的支座负筋贯通穿过中间支座，而将根数多出来的支座负筋弯锚入柱内。

③ 在施工图设计中要尽量避免出现支座两边的支座负筋直径不相同的情况。

2）框架梁下部纵筋在中间支座的节点构造。框架梁的下部纵筋一般都是以“直形钢筋”在中间支座锚固。其锚固长度同时满足两个条件：锚固长度≥l_{aE}，锚固长度≥$0.5h_c+5d$。

层号	标高(m)	层高(m)
屋面2	65.670	
塔层2	62.370	3.30
屋面1(塔层1)	59.070	3.30
16	55.470	3.60
15	51.870	3.60
14	48.270	3.60
13	44.670	3.60
12	41.070	3.60
11	37.470	3.60
10	33.870	3.60
9	30.270	3.60
8	26.670	3.60
7	23.070	3.60
6	19.470	3.60
5	15.870	3.60
4	12.270	3.60
3	8.670	3.60
2	4.470	4.20
1	-0.030	4.50
-1	-4.530	4.50
-2	-9.030	4.50

结构层楼面标高
结构层高

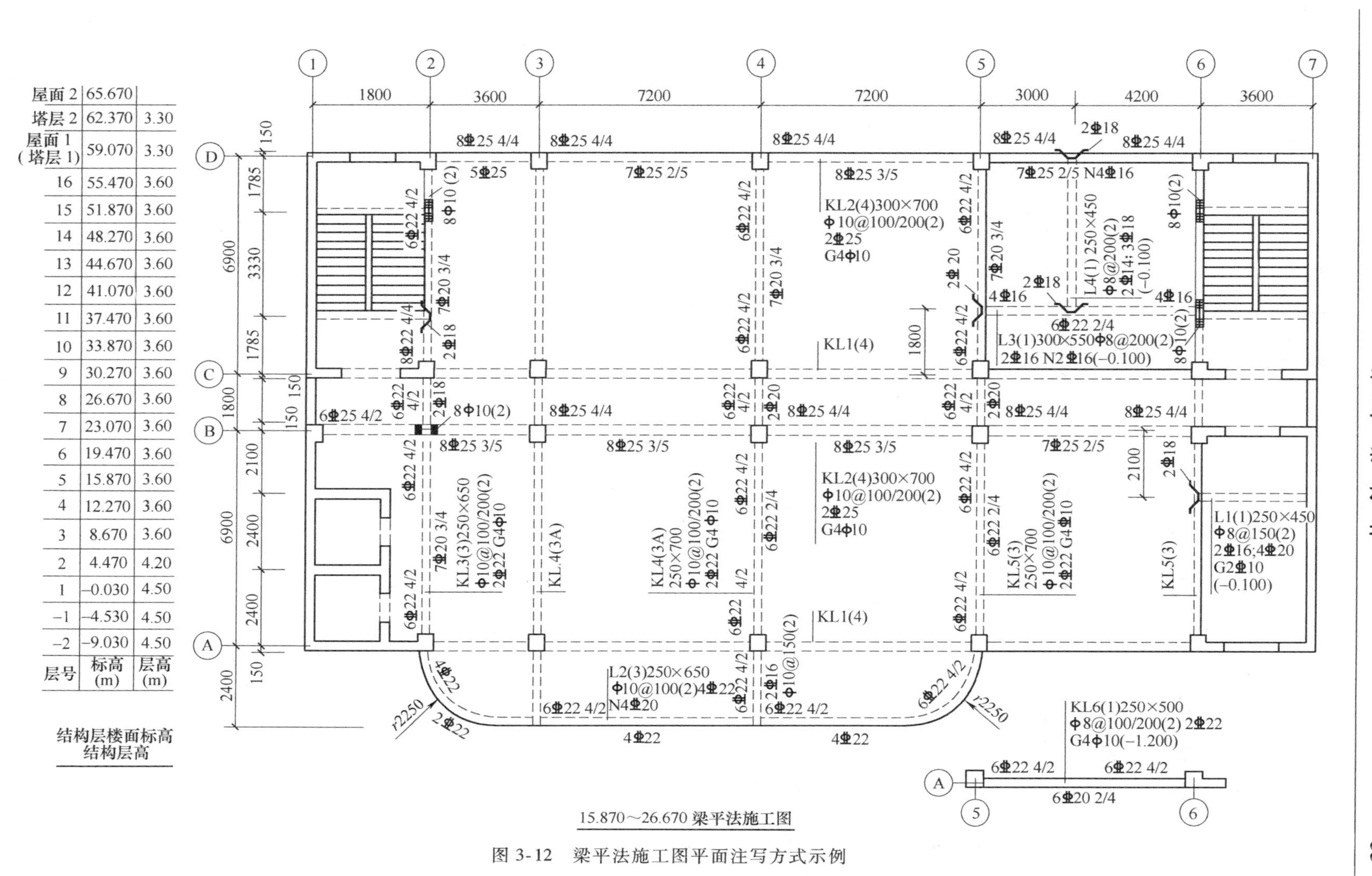

15.870～26.670梁平法施工图

图 3-12　梁平法施工图平面注写方式示例

框架梁的下部纵筋一般都是按跨处理，在中间支座锚固。然而，在满足钢筋“定尺长度”的前提下，相邻两跨同样直径的框架梁可以而且应该直通贯穿中间支座，这样做既可以节省钢筋，又对降低支座钢筋的密度有好处。

细节：屋面框架梁纵向钢筋构造

屋面框架梁纵向钢筋构造见表3-3。

表3-3　屋面框架梁纵向钢筋构造

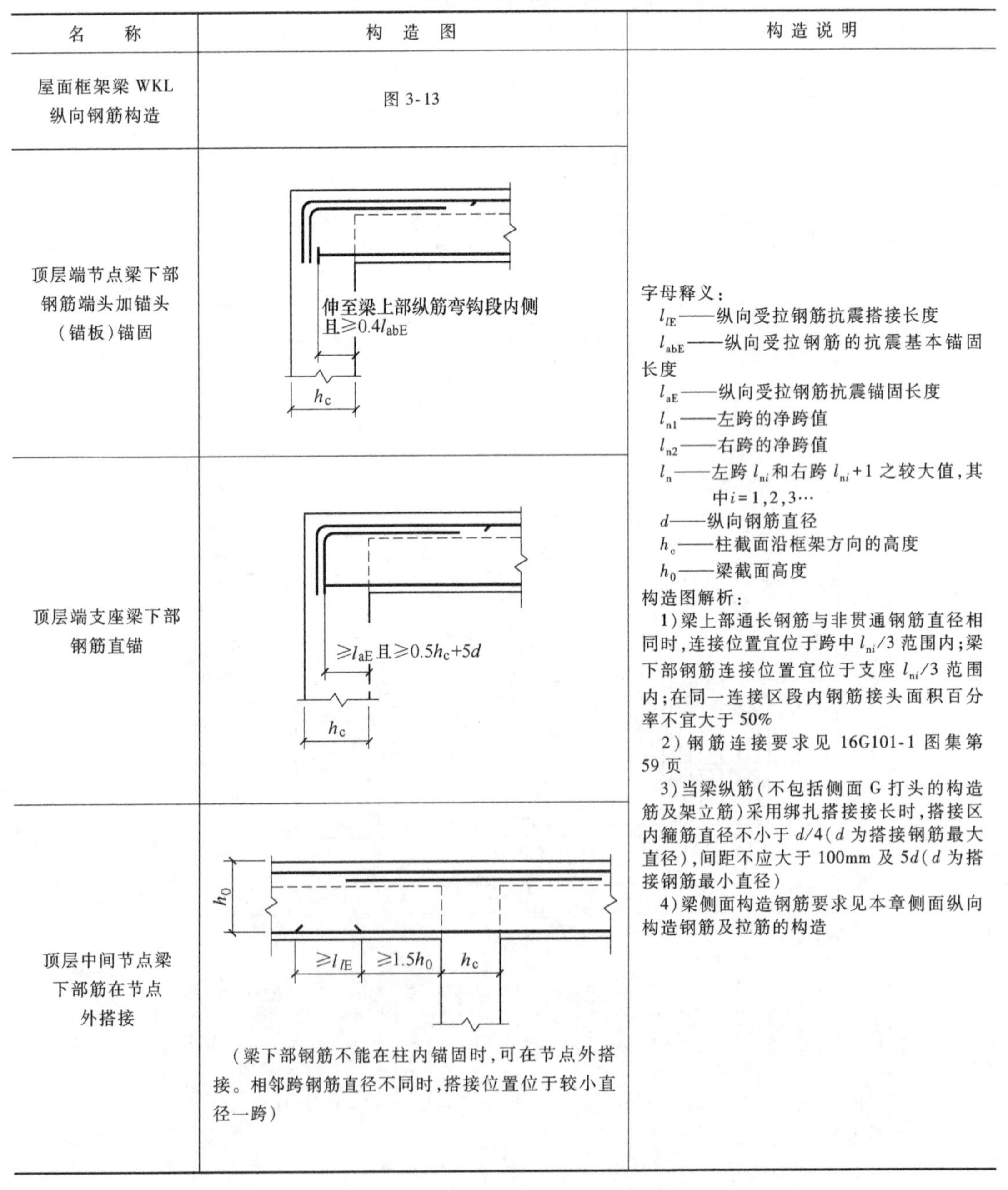

名　　称	构　造　图	构造说明
屋面框架梁WKL纵向钢筋构造	图3-13	字母释义： l_{lE}——纵向受拉钢筋抗震搭接长度 l_{abE}——纵向受拉钢筋的抗震基本锚固长度 l_{aE}——纵向受拉钢筋抗震锚固长度 l_{n1}——左跨的净跨值 l_{n2}——右跨的净跨值 l_n——左跨 l_{ni} 和右跨 $l_{ni}+1$ 之较大值，其中 $i=1,2,3\cdots$ d——纵向钢筋直径 h_c——柱截面沿框架方向的高度 h_0——梁截面高度 构造图解析： 1）梁上部通长钢筋与非贯通钢筋直径相同时，连接位置宜位于跨中 $l_{ni}/3$ 范围内；梁下部钢筋连接位置宜位于支座 $l_{ni}/3$ 范围内；在同一连接区段内钢筋接头面积百分率不宜大于50% 2）钢筋连接要求见16G101-1图集第59页 3）当梁纵筋（不包括侧面G打头的构造筋及架立筋）采用绑扎搭接接长时，搭接区内箍筋直径不小于 $d/4$（d 为搭接钢筋最大直径），间距不应大于100mm及 $5d$（d 为搭接钢筋最小直径） 4）梁侧面构造钢筋要求见本章侧面纵向构造钢筋及拉筋的构造
顶层端节点梁下部钢筋端头加锚头（锚板）锚固	伸至梁上部纵筋弯钩段内侧且≥$0.4l_{abE}$ h_c	
顶层端支座梁下部钢筋直锚	≥l_{aE}且≥$0.5h_c+5d$ h_c	
顶层中间节点梁下部筋在节点外搭接	h_0 ≥l_{lE}　≥$1.5h_0$　h_c （梁下部钢筋不能在柱内锚固时，可在节点外搭接。相邻跨钢筋直径不同时，搭接位置位于较小直径一跨）	

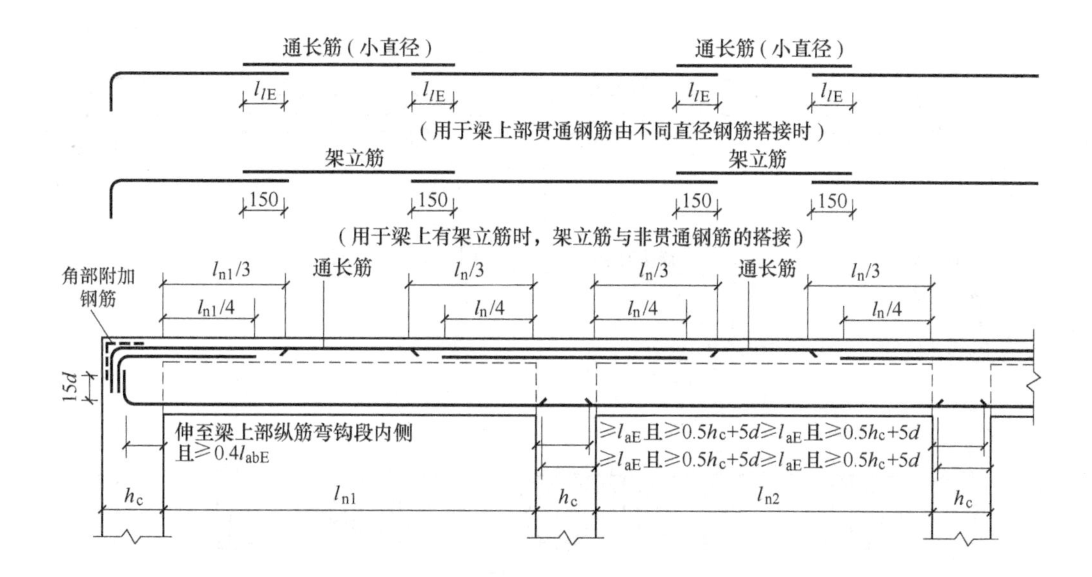

图3-13　屋面框架梁WKL纵向钢筋构造

细节：框架梁水平、竖向加腋构造

框架梁水平、竖向加腋构造见表3-4。

表3-4　框架梁水平、竖向加腋构造

名　　称	构　造　图	构造说明
框架梁水平加腋构造	图3-14a	字母释义： l_{aE}——受拉钢筋抗震锚固长度 c_1、c_2、c_3——加密区长度 h_b——框架梁的截面高度 b_b——框架梁的截面宽度 构造图解析： 1)当梁结构平法施工图中，水平加腋部位的配筋设计未给出时，其梁腋上下部斜纵筋(仅设置第一排)直径分别同梁内上下纵筋，水平间距不宜大于200mm；水平加腋部位侧面纵向构造筋的设置及构造要求同梁内侧面纵向构造筋，见本章侧面纵向构造钢筋及拉筋的构造 2)图3-14中框架梁竖向加腋构造适用于加腋部分参与框架梁计算，配筋由设计标注；其他情况设计应另行给出做法 3)加腋部位箍筋规格及肢距与梁端部的箍筋相同
框架梁竖向加腋构造	图3-14b	

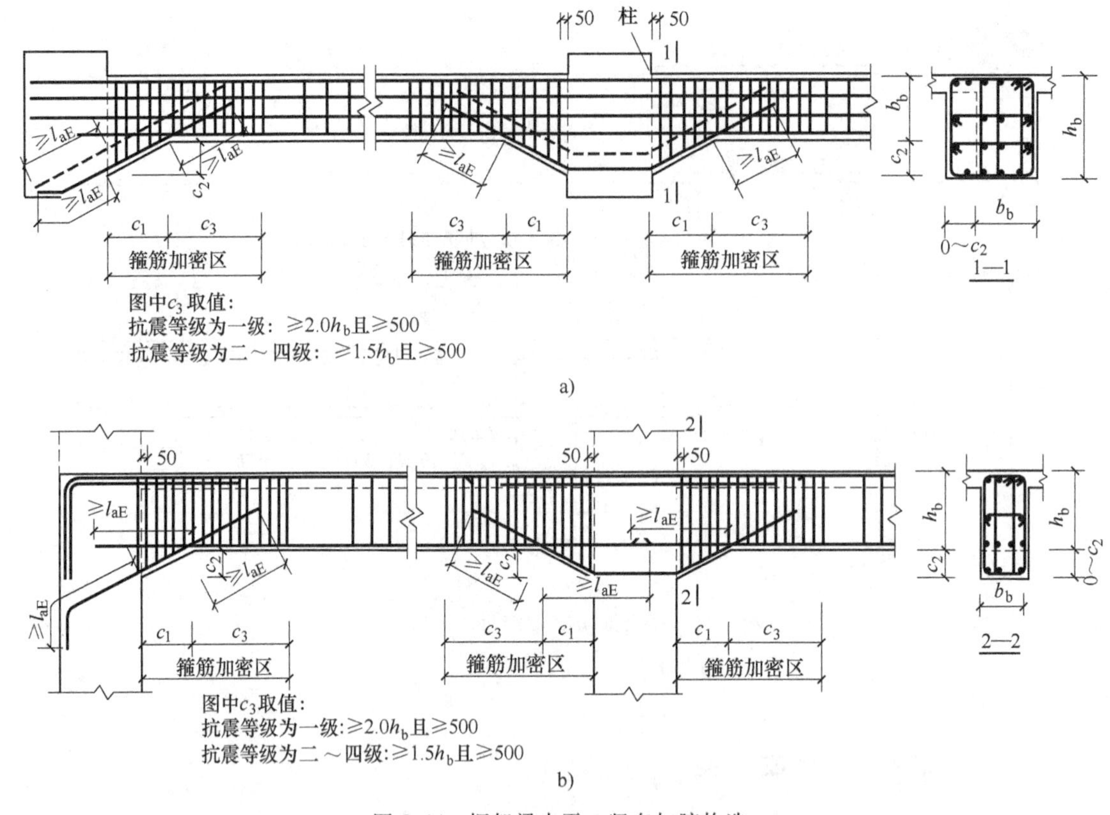

图 3-14　框架梁水平、竖向加腋构造

a）框架梁水平加腋构造　b）框架梁竖向加腋构造

细节：框架梁、屋面框架梁中间支座纵向钢筋构造

框架梁、屋面框架梁中间支座纵向钢筋构造见表 3-5。

表 3-5　框架梁、屋面框架梁中间支座纵向钢筋构造

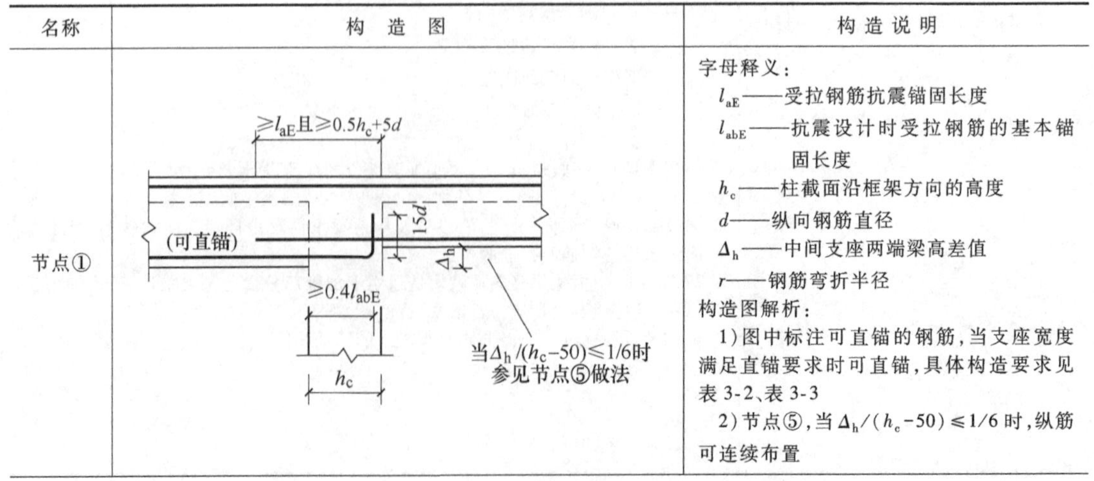

名称	构造图	构造说明
节点①	$\geqslant l_{aE}$且$\geqslant 0.5h_c+5d$ (可直锚) $15d$ Δ_h $\geqslant 0.4l_{abE}$ h_c 当$\Delta_h/(h_c-50)\leqslant 1/6$时 参见节点⑤做法	字母释义： l_{aE}——受拉钢筋抗震锚固长度 l_{abE}——抗震设计时受拉钢筋的基本锚固长度 h_c——柱截面沿框架方向的高度 d——纵向钢筋直径 Δ_h——中间支座两端梁高差值 r——钢筋弯折半径 构造图解析： 1)图中标注可直锚的钢筋，当支座宽度满足直锚要求时可直锚，具体构造要求见表 3-2、表 3-3 2)节点⑤，当$\Delta_h/(h_c-50)\leqslant 1/6$时，纵筋可连续布置

（续）

名称	构　造　图	构 造 说 明
节点②	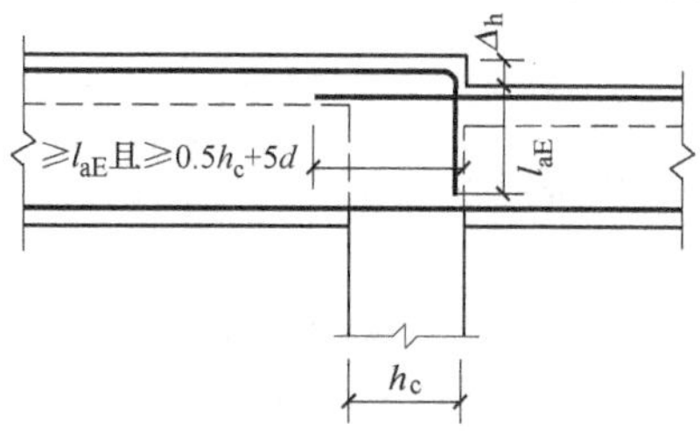 $\geq l_{aE}$且$\geq 0.5h_c+5d$；Δ_h；l_{aE}；h_c	字母释义： l_{aE}——受拉钢筋抗震锚固长度 l_{abE}——抗震设计时受拉钢筋的基本锚固长度 h_c——柱截面沿框架方向的高度 d——纵向钢筋直径 Δ_h——中间支座两端梁高差值 r——钢筋弯折半径 构造图解析： 1）图中标注可直锚的钢筋，当支座宽度满足直锚要求时可直锚，具体构造要求见表3-2、表3-3 2）节点⑤，当$\Delta_h/(h_c-50)\leq 1/6$时，纵筋可连续布置
节点③	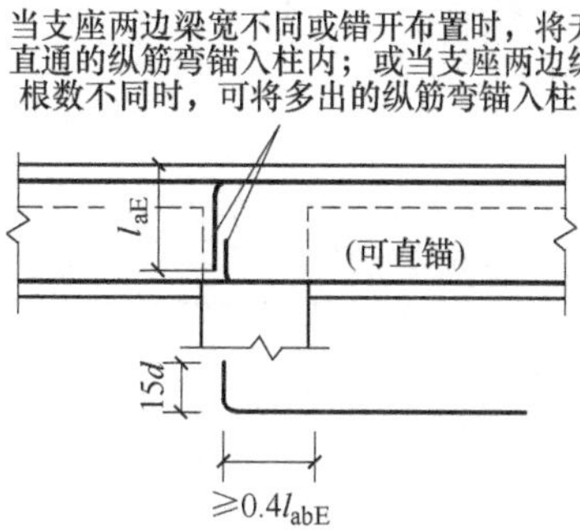 当支座两边梁宽不同或错开布置时，将无法直通的纵筋弯锚入柱内；或当支座两边纵筋根数不同时，可将多出的纵筋弯锚入柱内 l_{aE}；(可直锚)；15d；$\geq 0.4l_{abE}$	
节点④	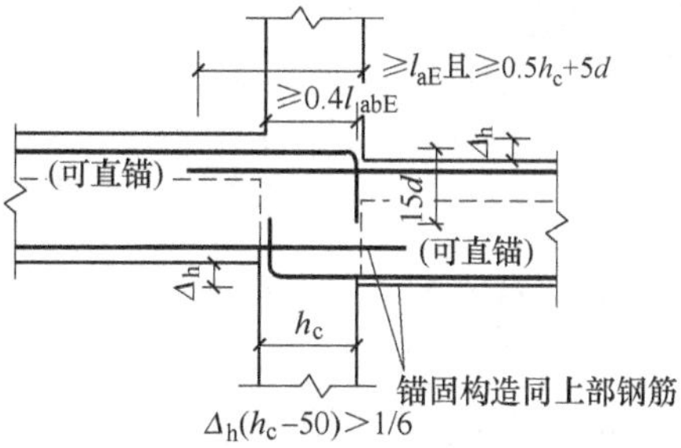 $\geq l_{aE}$且$\geq 0.5h_c+5d$；$\geq 0.4l_{abE}$；Δ_h；(可直锚)；15d；(可直锚)；Δ_h；h_c；锚固构造同上部钢筋 $\Delta_h/(h_c-50)>1/6$	
节点⑤	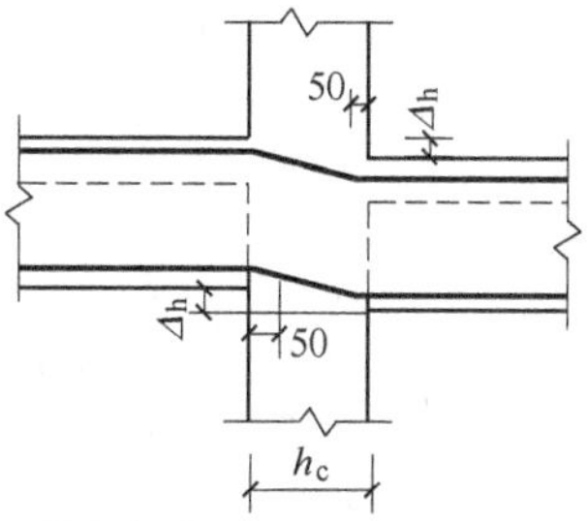 50；Δ_h；Δ_h；50；h_c	
节点⑥	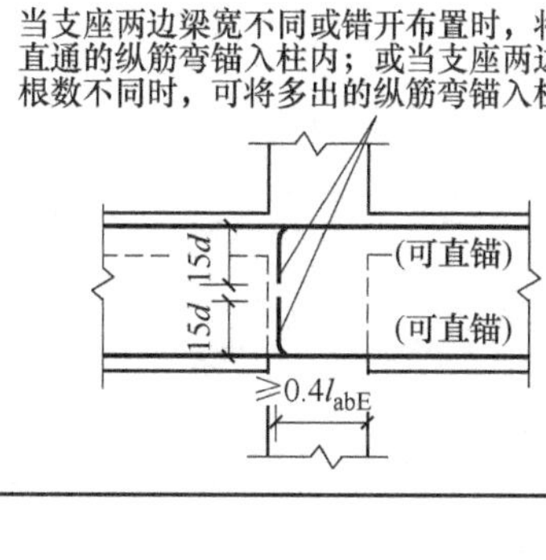 当支座两边梁宽不同或错开布置时，将无法直通的纵筋弯锚入柱内；或当支座两边纵筋根数不同时，可将多出的纵筋弯锚入柱内 15d；(可直锚)；15d；(可直锚)；$\geq 0.4l_{abE}$	

细节：悬挑梁与各类悬挑端配筋构造

梁悬挑端具有如下构造特点：

1）梁的悬挑端在“上部跨中”位置进行上部纵筋的原位标注，这是因为悬挑端的上部纵筋是“全跨贯通”的。

2）悬挑端的下部钢筋为受压钢筋，它只需要较小的配筋就可以了，不同于框架梁第一跨的下部纵筋（受拉钢筋）。

3）悬挑端的箍筋一般没有“加密区和非加密区”的区别，只有一种间距。

4）在悬挑端进行梁截面尺寸的原位标注。

悬挑梁与各类悬挑端配筋构造见表 3-6。

表 3-6　悬挑梁与各类悬挑端配筋构造

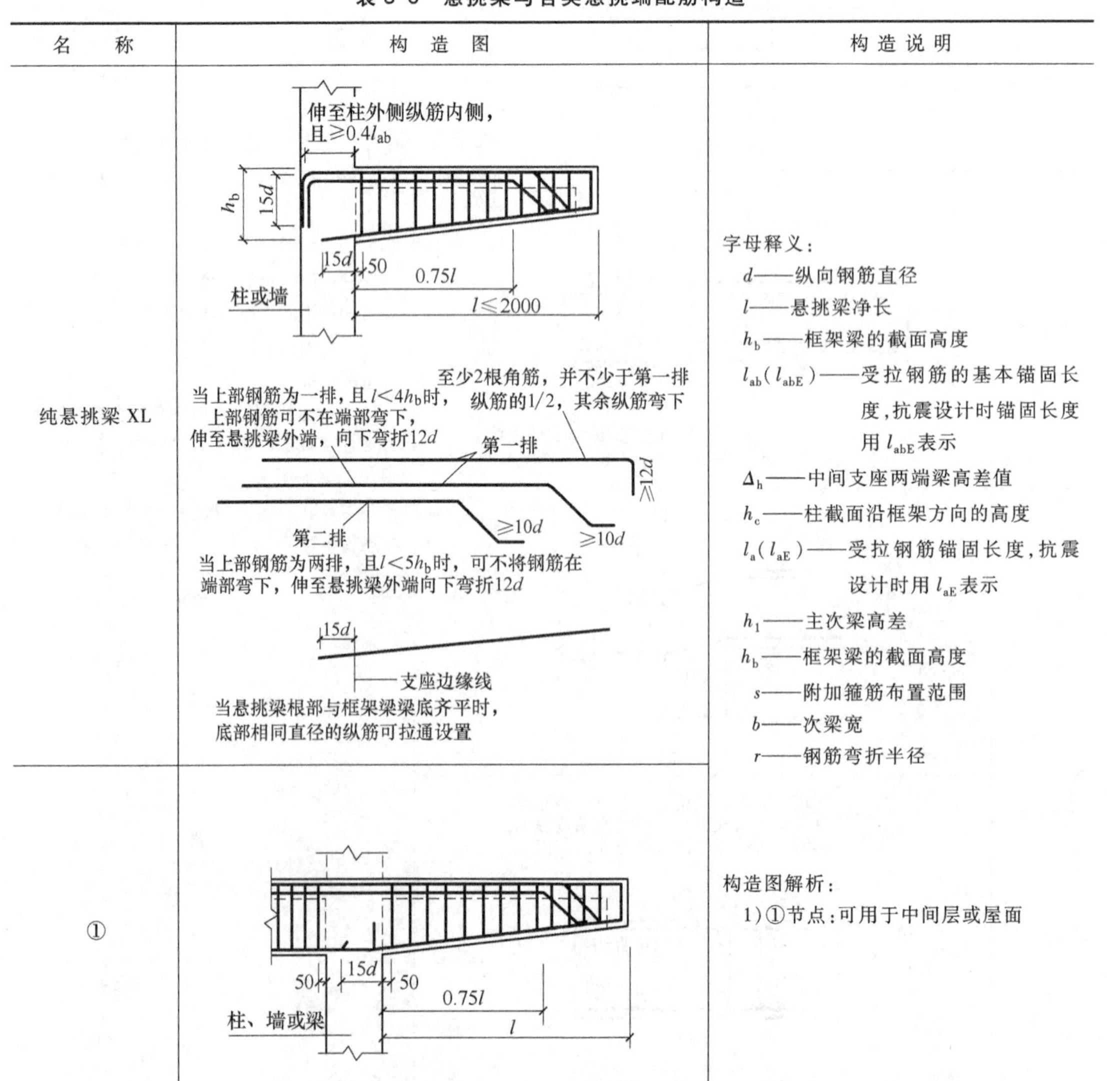

名　　称	构　造　图	构造说明
纯悬挑梁 XL		字母释义： d——纵向钢筋直径 l——悬挑梁净长 h_b——框架梁的截面高度 l_{ab}(l_{abE})——受拉钢筋的基本锚固长度，抗震设计时锚固长度用 l_{abE} 表示 Δ_h——中间支座两端梁高差值 h_c——柱截面沿框架方向的高度 l_a(l_{aE})——受拉钢筋锚固长度，抗震设计时用 l_{aE} 表示 h_1——主次梁高差 h_b——框架梁的截面高度 s——附加箍筋布置范围 b——次梁宽 r——钢筋弯折半径
①		构造图解析： 1）①节点：可用于中间层或屋面

（续）

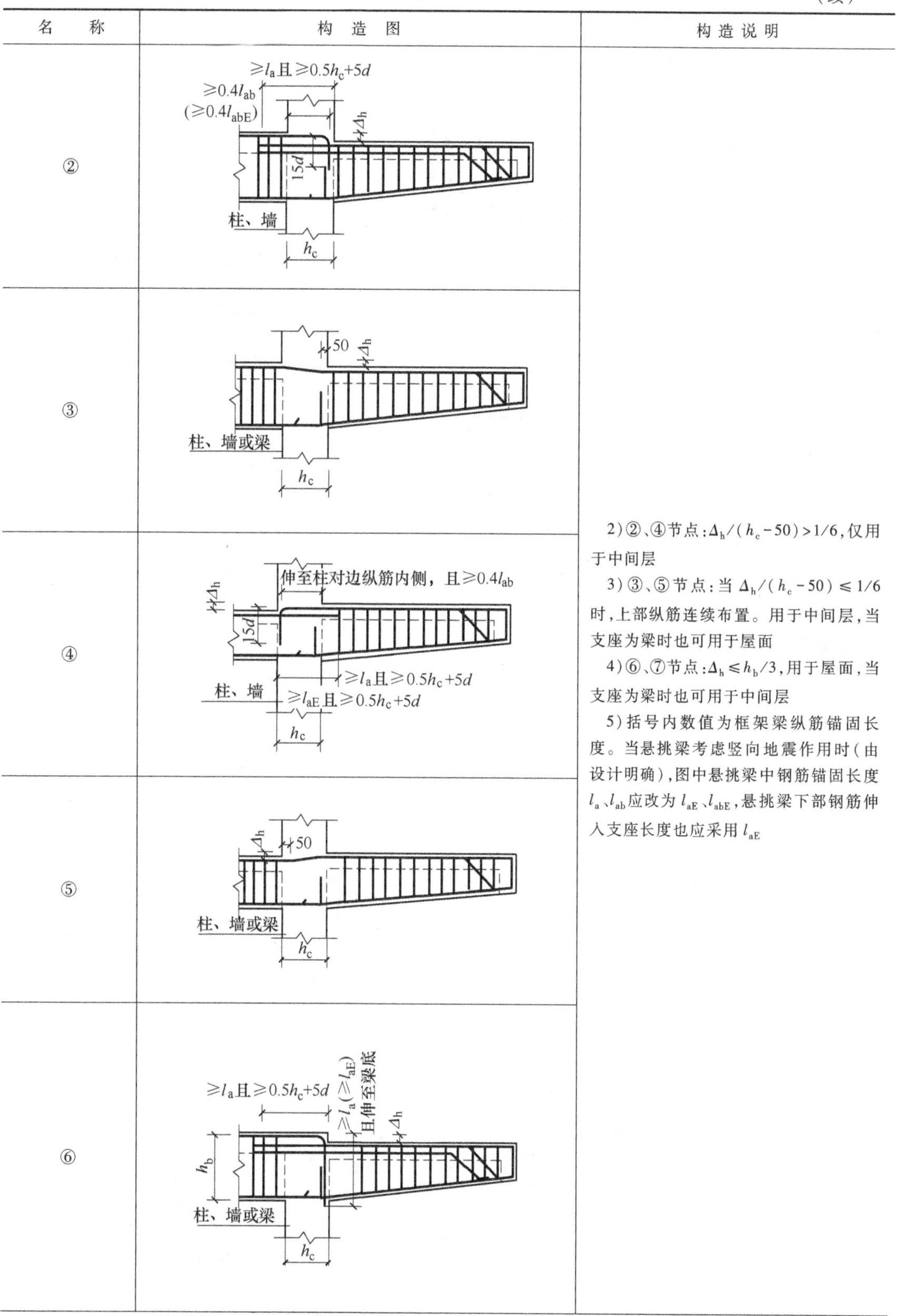

2）②、④节点：$\Delta_h/(h_c-50)>1/6$，仅用于中间层

3）③、⑤节点：当$\Delta_h/(h_c-50)\leqslant 1/6$时，上部纵筋连续布置。用于中间层，当支座为梁时也可用于屋面

4）⑥、⑦节点：$\Delta_h\leqslant h_b/3$，用于屋面，当支座为梁时也可用于中间层

5）括号内数值为框架梁纵筋锚固长度。当悬挑梁考虑竖向地震作用时（由设计明确），图中悬挑梁中钢筋锚固长度l_a、l_{ab}应改为l_{aE}、l_{abE}，悬挑梁下部钢筋伸入支座长度也应采用l_{aE}

（续）

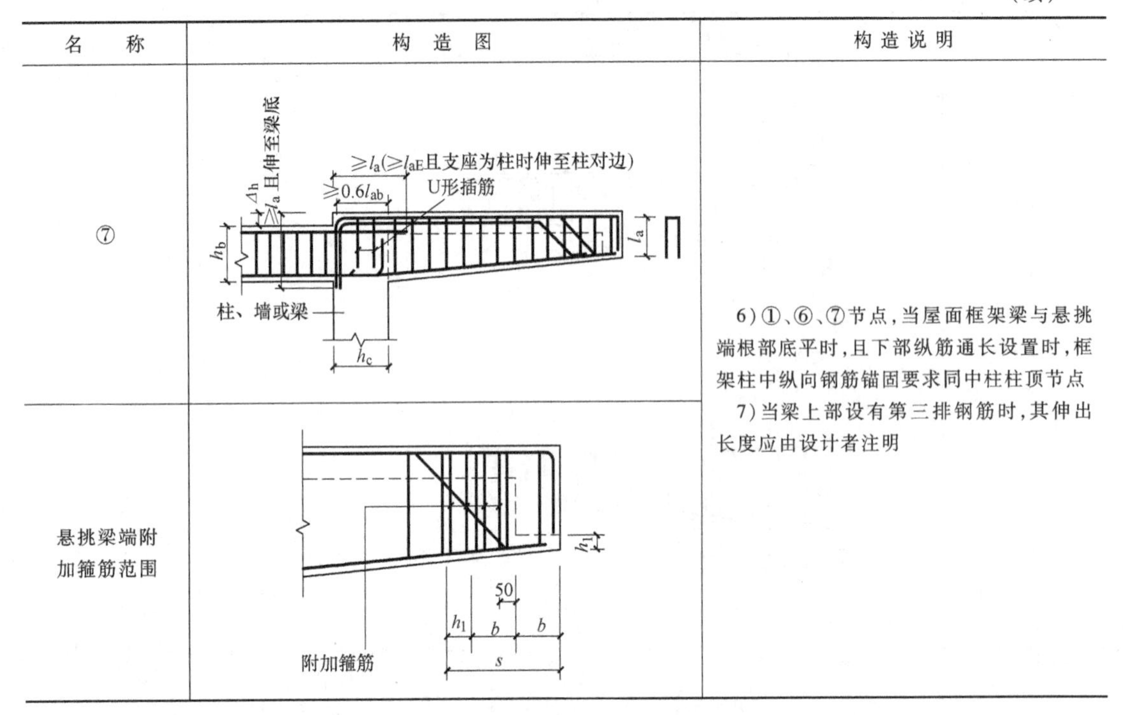

名　称	构　造　图	构造说明
⑦		6)①、⑥、⑦节点，当屋面框架梁与悬挑端根部底平时，且下部纵筋通长设置时，框架柱中纵向钢筋锚固要求同中柱柱顶节点 7)当梁上部设有第三排钢筋时，其伸出长度应由设计者注明
悬挑梁端附加箍筋范围		

细节：梁箍筋的构造要求

框架梁和屋面框架梁箍筋加密区构造要求见表 3-7。

表 3-7　框架梁和屋面框架梁箍筋加密区构造

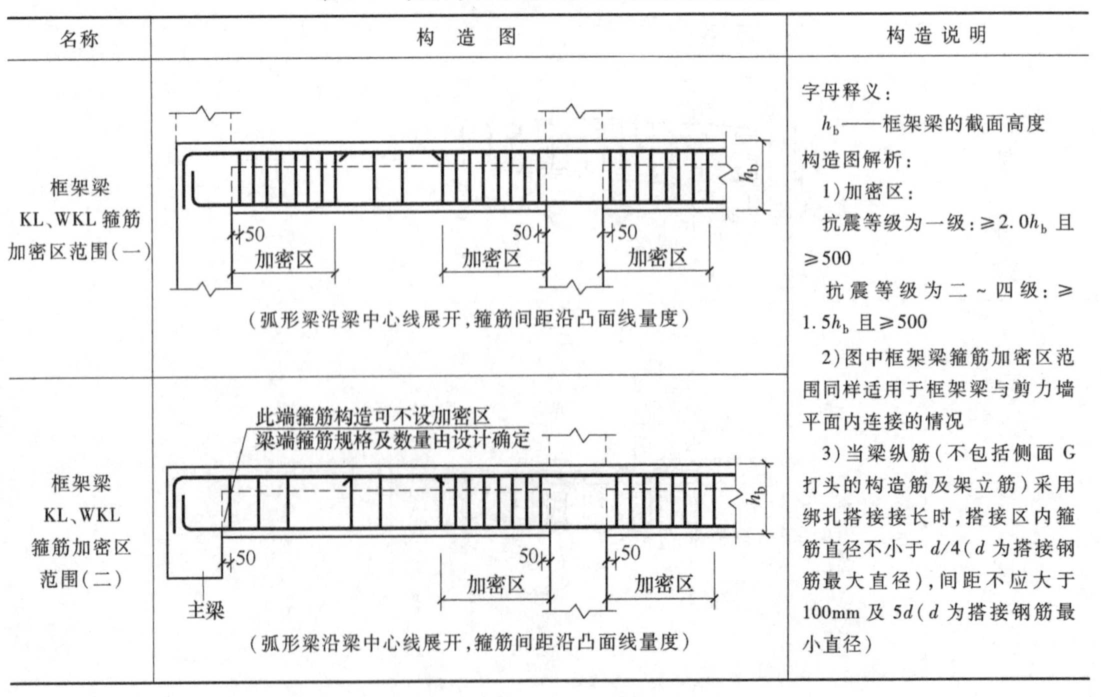

名称	构　造　图	构造说明
框架梁 KL、WKL 箍筋加密区范围（一）	（弧形梁沿梁中心线展开，箍筋间距沿凸面线量度）	字母释义： h_b——框架梁的截面高度 构造图解析： 1)加密区： 抗震等级为一级：≥2.0h_b 且≥500 抗震等级为二~四级：≥1.5h_b 且≥500 2)图中框架梁箍筋加密区范围同样适用于框架梁与剪力墙平面内连接的情况 3)当梁纵筋（不包括侧面 G 打头的构造筋及架立筋）采用绑扎搭接接长时，搭接区内箍筋直径不小于 $d/4$（d 为搭接钢筋最大直径），间距不应大于 100mm 及 $5d$（d 为搭接钢筋最小直径）
框架梁 KL、WKL 箍筋加密区范围（二）	（弧形梁沿梁中心线展开，箍筋间距沿凸面线量度）	

细节：附加箍筋、吊筋的构造

当次梁作用在主梁上时，由于次梁集中荷载的作用，使得主梁易产生裂缝。为防止裂缝的产生，在主次梁节点范围内，主梁的箍筋（包括加密与非加密区）正常设置，除此以外，再设置相应的构造钢筋。附加箍筋或附加吊筋其构造要求如图3-15所示。

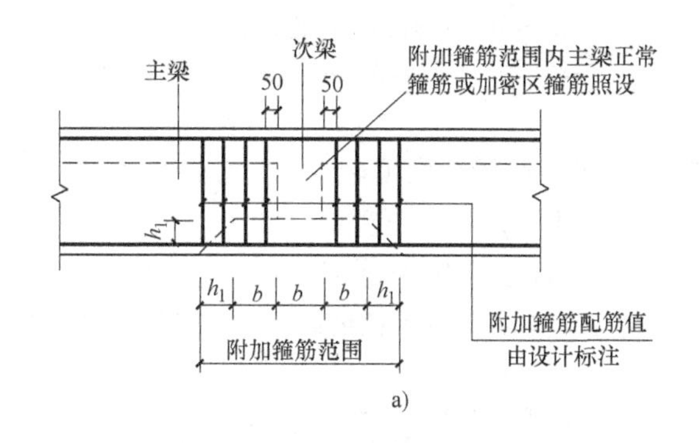

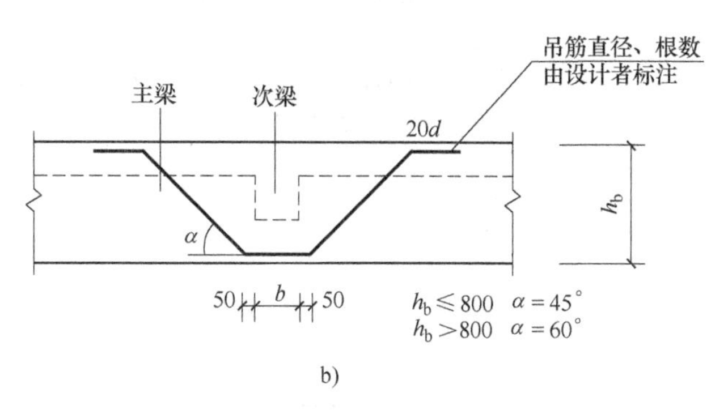

图3-15 附加箍筋、吊筋的构造

a）附加箍筋 b）附加吊筋

b—次梁宽 h_1—主次梁高差 d—吊筋直径 h_b—梁截面高度 α—吊筋弯折的角度

1）附加箍筋。第一根附加箍筋与次梁边缘的距离为50mm，附加箍筋范围为$3b+2h_1$。

2）附加吊筋。梁高$h_b \leq 800$mm时，吊筋弯折的角度$\alpha = 45°$；梁高$h_b > 800$mm时，吊筋弯折的角度$\alpha = 60°$；吊筋在次梁底部的宽度为$b+2\times50$，在次梁两边的水平段长度为$20d$。

细节：侧面纵向构造钢筋及拉筋的构造

梁侧面纵向构造筋和拉筋如图3-16所示。

1）当$h_w \geq 450$mm时，在梁的两个侧面应沿高度配置纵向构造筋；纵向构造筋间距$a \leq 200$mm。

2）当梁侧面配有直径不小于构造纵筋的受扭纵筋时，受扭钢筋可以替代构造钢筋。

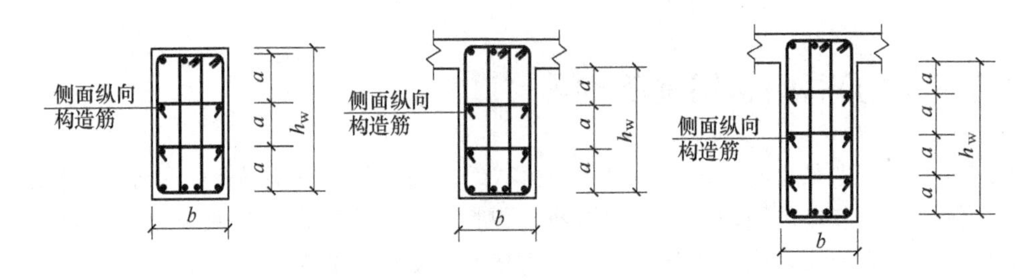

图 3-16　梁侧面纵向构造筋和拉筋

a—纵向构造筋间距　b—梁宽　h_w—梁腹板高度

3）梁侧面构造纵筋的搭接与锚固长度可取 $15d$。梁侧面受扭纵筋的搭接长度为 l_{lE} 或 l_l，其锚固长度为 l_{aE} 或 l_a，锚固方式同框架梁下部纵筋。

4）当梁宽≤350mm 时，拉筋直径为 6mm；梁宽>350mm 时，拉筋直径为 8mm。拉筋间距为非加密区箍筋间距的 2 倍。当设有多排拉筋时，上下两排拉筋竖向错开设置。

细节：不伸入支座的梁下部纵向钢筋构造

当梁（不包括框支梁）下部纵筋不全部伸入支座时，不伸入支座的梁下部纵向钢筋截断点与支座边的距离统一取为 $0.1l_{ni}$，如图 3-17 所示。

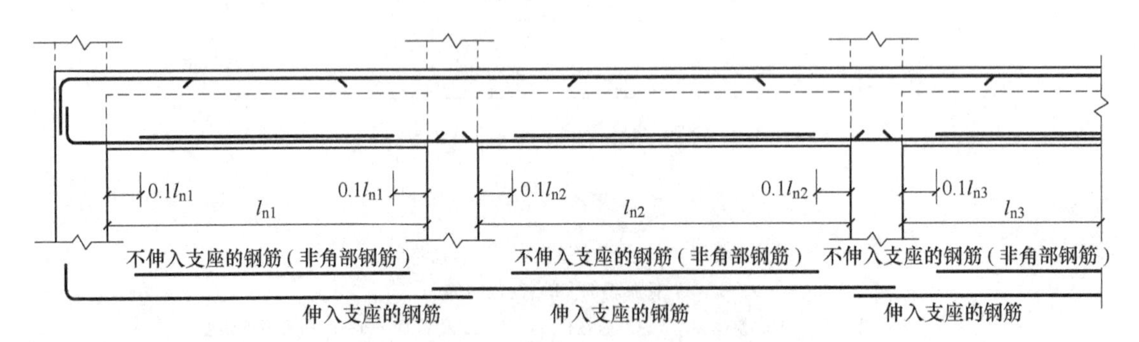

图 3-17　不伸入支座的梁下部纵向钢筋断点位置

l_{n1}、l_{n2}、l_{n3}—水平跨的净跨值

图 3-17 不适用于框支梁、框架扁梁；伸入支座的梁下部纵向钢筋锚固结构见表 3-2、表 3-3。

细节：折梁钢筋构造

1. 水平折梁钢筋构造

水平折梁钢筋构造如图 3-18 所示。

2. 竖向折梁钢筋构造

竖向折梁钢筋构造如图 3-19 所示。

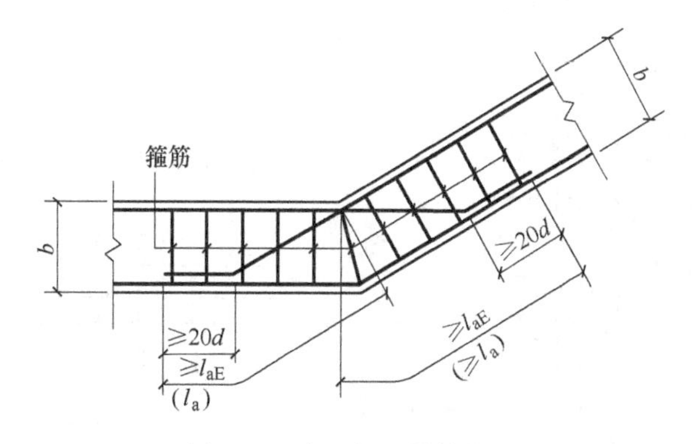

图 3-18　水平折梁钢筋构造

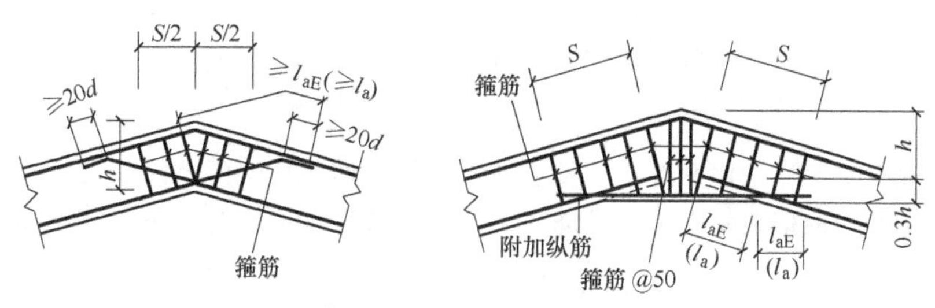

图 3-19　竖向折梁钢筋构造

细节：框架扁梁中柱节点构造

框架扁梁中柱节点构造如图 3-20 所示。

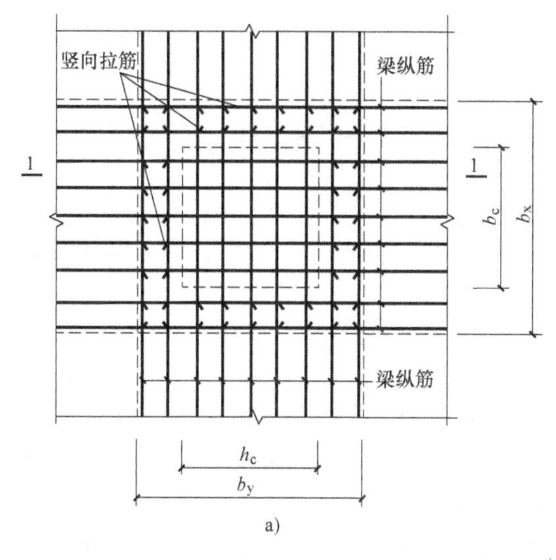

图 3-20　框架扁梁中柱节点构造

a）框架扁梁中柱节点竖向拉筋

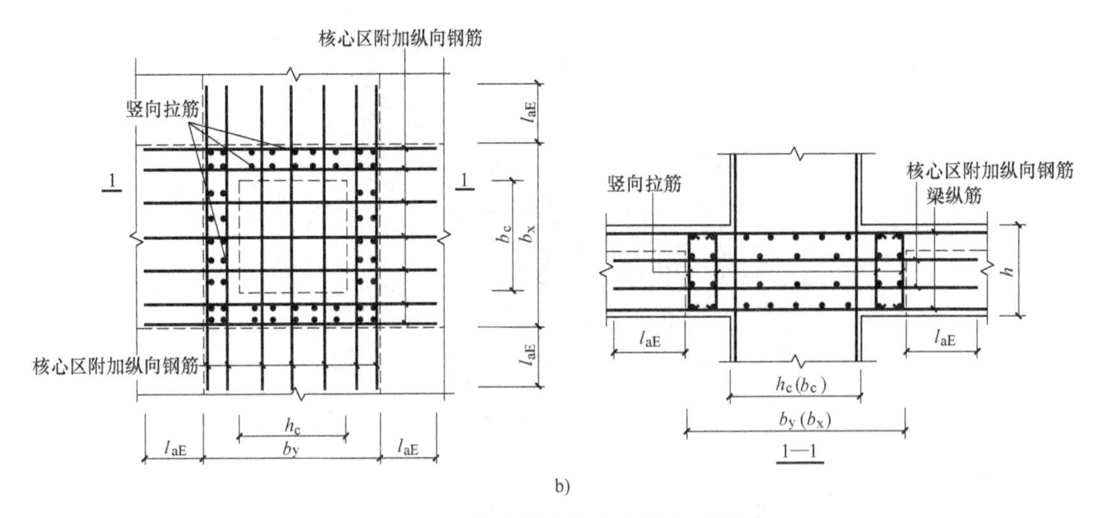

图 3-20　框架扁梁中柱节点构造（续）

b）框架扁梁中柱节点附加纵向钢筋

1）框架扁梁上部通长钢筋连接位置、非贯通钢筋伸出长度要求同框架梁。

2）穿过柱截面的框架扁梁下部纵筋，可在柱内锚固；未穿过柱截面下部纵筋应贯通节点区。

3）框架扁梁下部纵筋在节点外连接时，连接位置宜避开箍筋加密区，并宜位于支座 $l_{ni}/3$ 范围之内。

4）箍筋加密区要求见图 3-21。

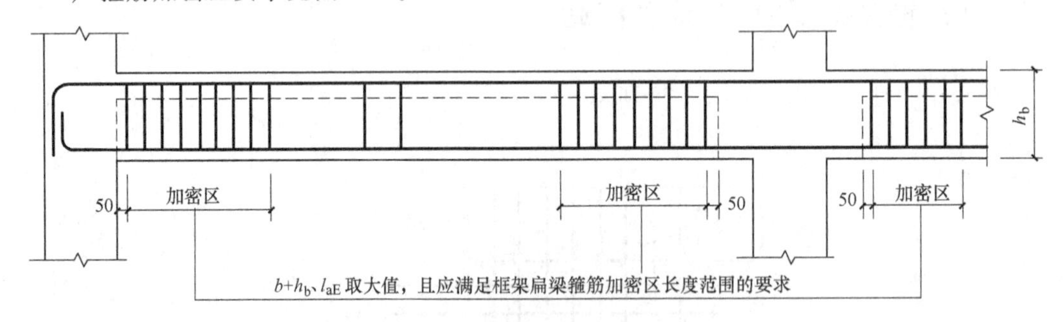

图 3-21　框架扁梁箍筋构造

5）竖向拉筋同时勾住扁梁上下双向纵筋，拉筋末端采用 135°弯钩，平直段长度为 $10d$。

细节：框架扁梁边柱节点构造

框架扁梁边柱节点构造如图 3-22 所示。

1）穿过柱截面框架扁梁纵向受力钢筋锚固做法同框架梁。未穿过柱截面框架扁梁纵向受力钢筋锚固做法如图 3-23 所示。

2）框架扁梁上部通长钢筋连接位置、非贯通钢筋伸出长度要求同框架梁。

3）框架扁梁下部纵筋在节点外连接时，连接位置宜避开箍筋加密区，并宜位于支座 $l_{ni}/3$ 范围之内。

4）节点核心区附加纵向钢筋在柱及边梁中锚固同框架扁梁纵向受力钢筋，如图 3-24 所示。

5）当 $h_c - b_s \geqslant 100$ 时，需设置 U 形箍筋及竖向拉筋。

6）竖向拉筋同时勾住扁梁上下双向纵筋，拉筋末端采用 135°弯钩，平直段长度为 $10d$。

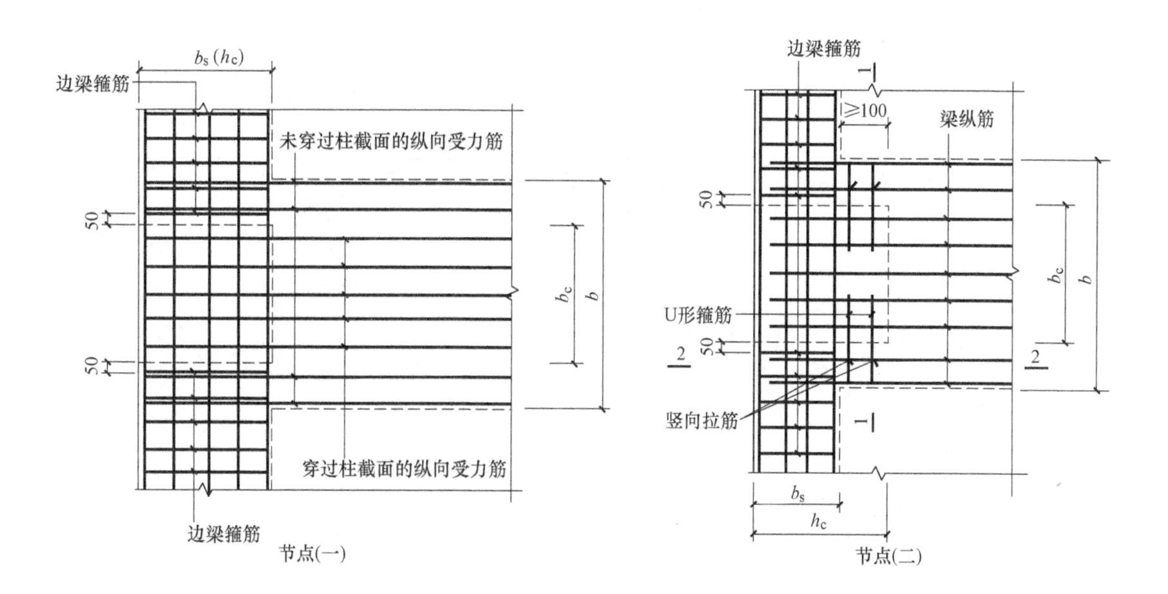

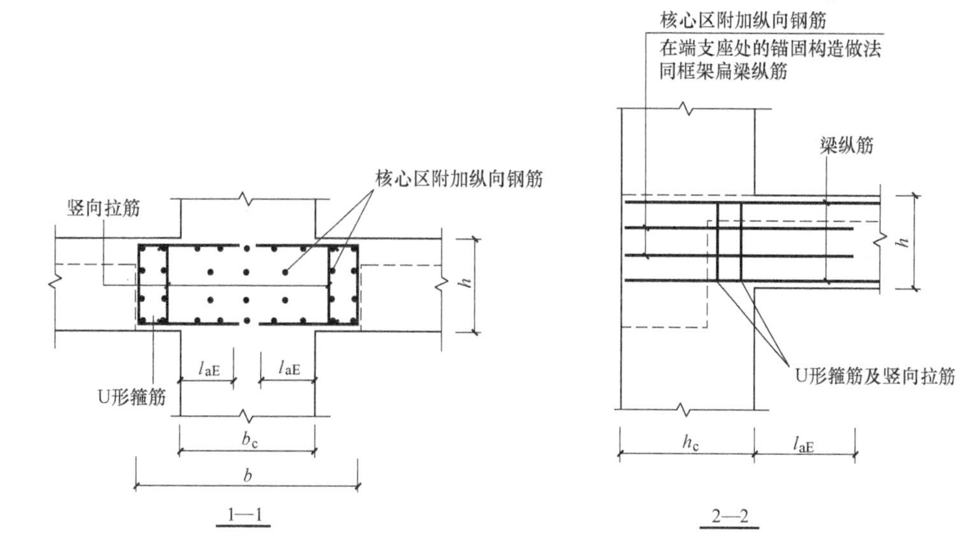

图 3-22 框架扁梁边柱节点构造

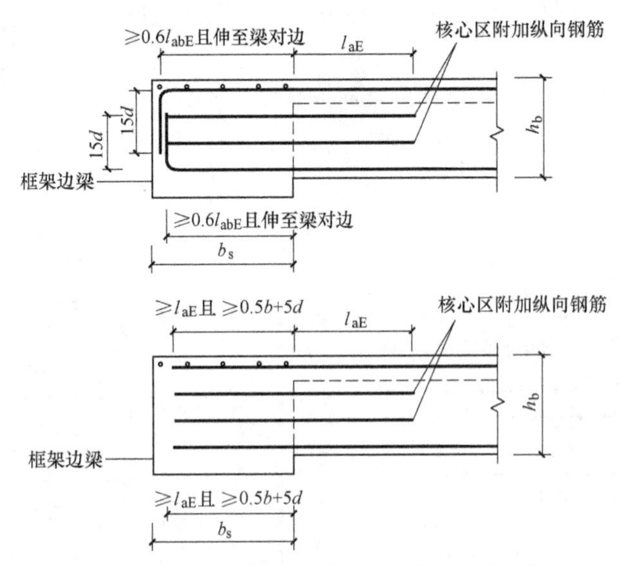

图 3-23　未穿过柱截面的扁梁纵向受力筋锚固做法

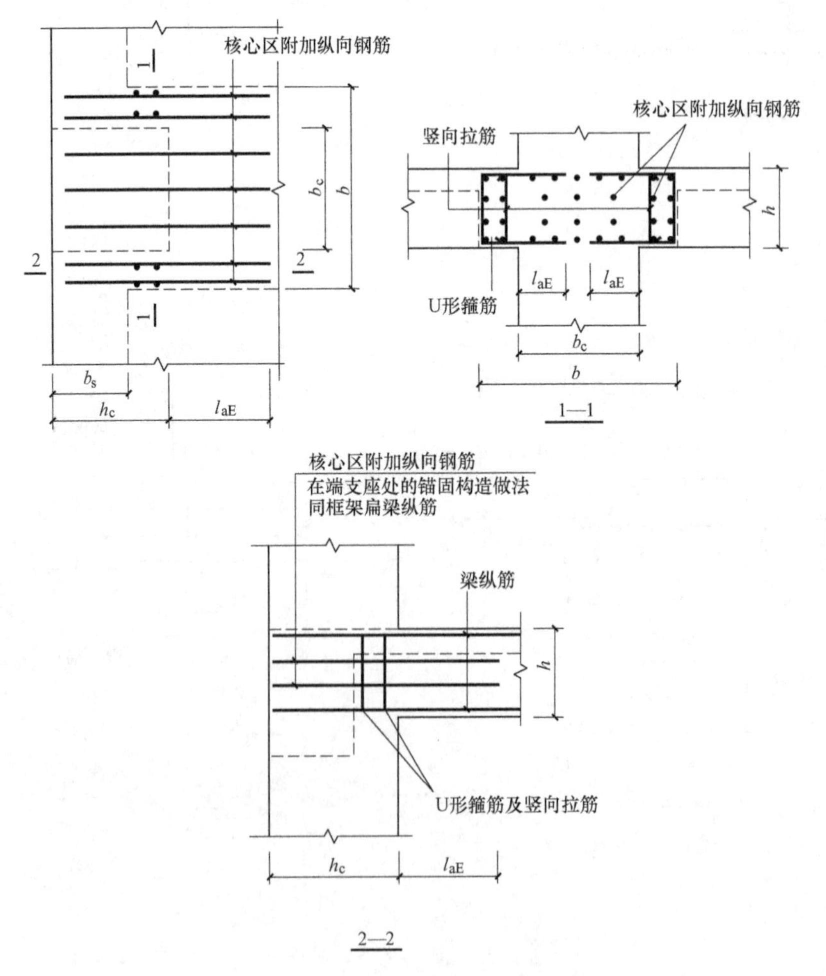

图 3-24　框架扁梁附加纵向钢筋

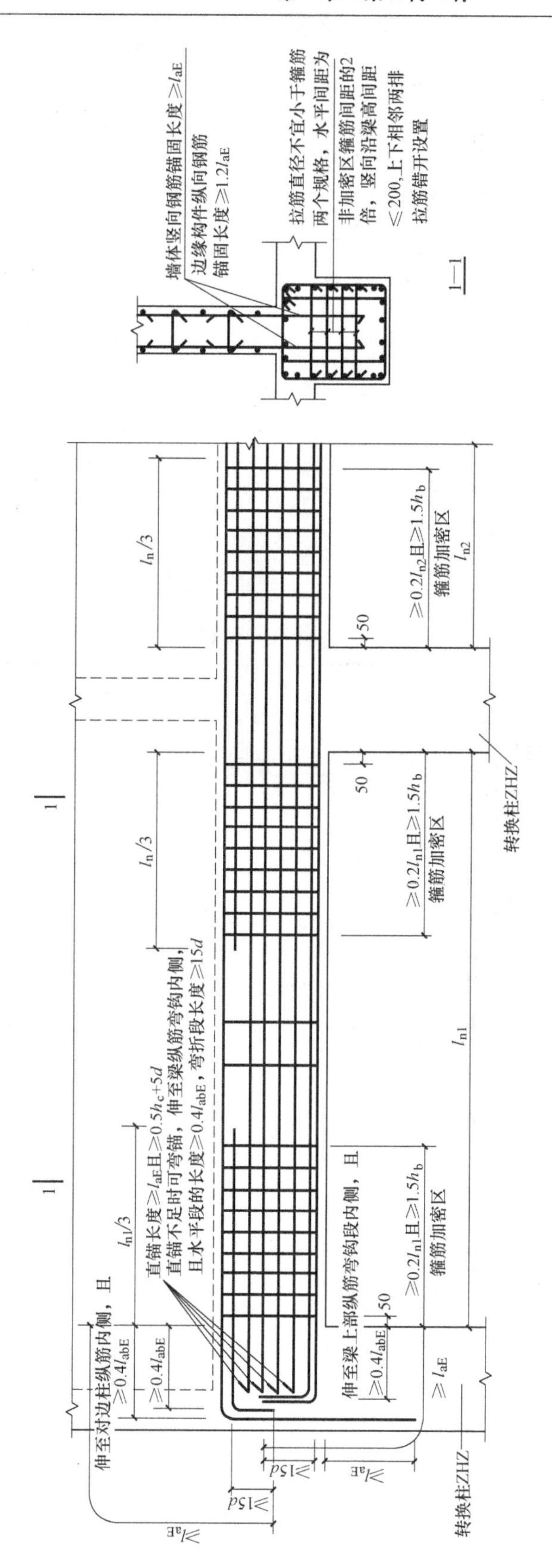

图 3-25　框支梁 KZL
（也可用于托柱转换梁 TZL）

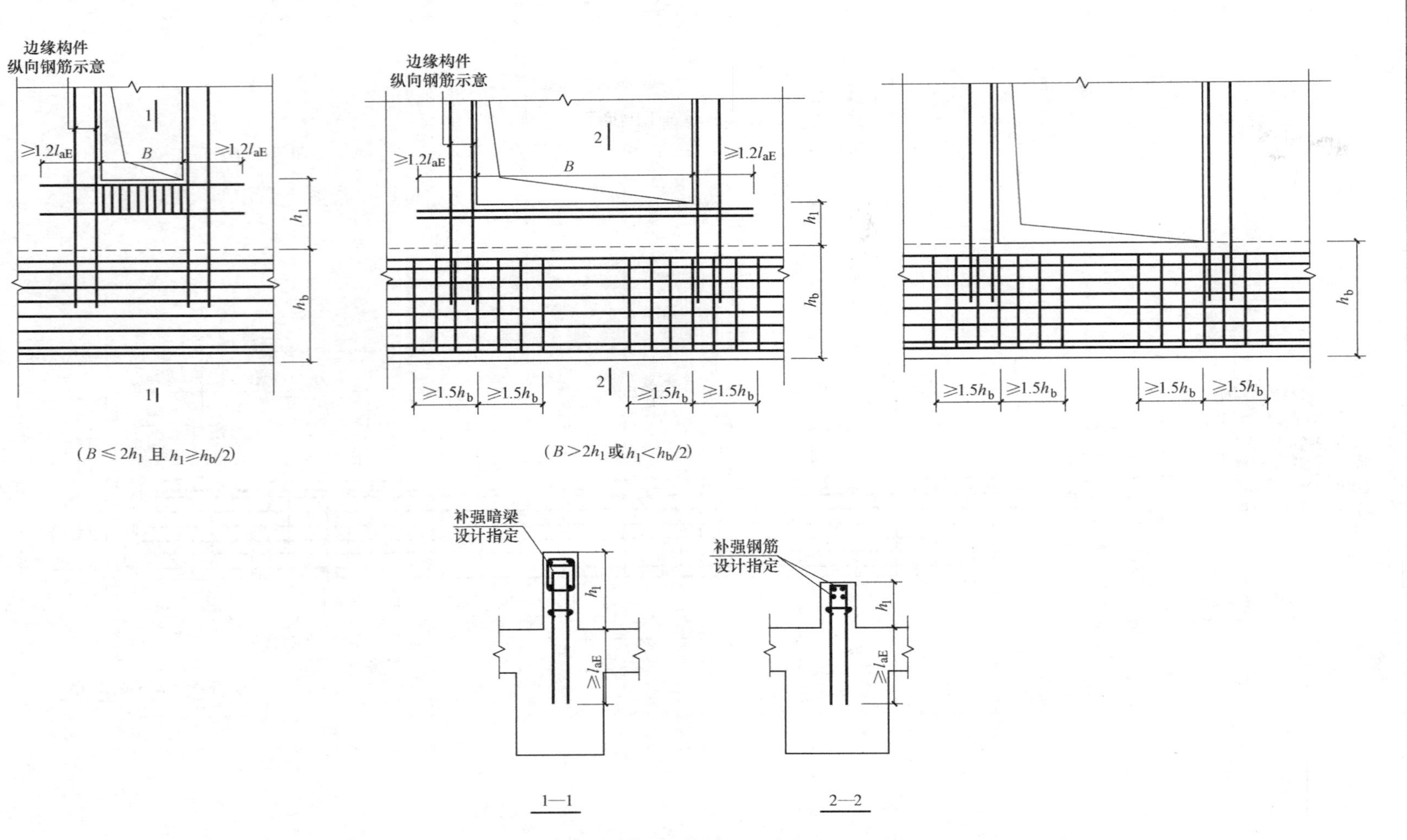

图 3-26 框支梁 KZL 上部墙体开洞部位加强做法

细节：框支梁配筋构造

框支梁的配筋构造，如图 3-25 所示。

1）框支梁第一排上部纵筋为通长筋。第二排上部纵筋在端支座附近断在 $l_n 1/3$ 处，在中间支座附近断在 $l_n/3$ 处（l_{n1} 为本跨的跨度值；l_n 为相邻两跨的较大跨度值）。

2）框支梁上部纵筋伸入支座对边之后向下弯锚，通过梁底线后再下插 l_{aE}，其直锚水平段≥$0.4l_{abE}$。

3）框支梁侧面纵筋是全梁贯通，在梁端部直锚长度≥$0.4l_{abE}$，弯折长度 $15d$。

4）框支梁下部纵筋在梁端部直锚长度≥$0.4l_{abE}$，且向上弯折 $15d$。

5）当框支梁的下部纵筋和侧面纵筋直锚长度≥l_{aE}时，可不必向上或水平弯锚。

6）框支梁箍筋加密区长度为≥$0.2l_n 1$ 且≥$1.5h_b$（h_b 为梁截面的高度）。

7）框支梁拉筋直径不宜小于箍筋，水平间距为非加密区箍筋间距的 2 倍，竖向沿梁高间距≤200mm，上下相邻两排拉筋错开设置。

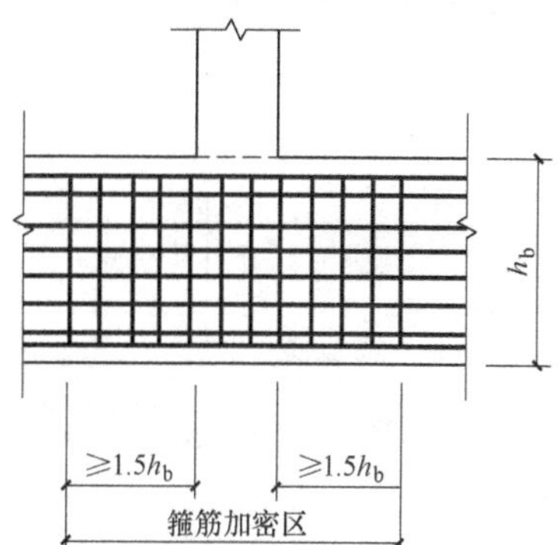

图 3-27 托柱转换梁 TZL 托柱位置箍筋加密构造

8）梁纵向钢筋的连接宜采用机械连接接头。

9）框支梁上部墙体开洞部位加强做法如图 3-26 所示。

10）托柱转换梁托柱位置箍筋加密构造如图 3-27 所示。

细节：转换柱配筋构造

转换柱的配筋构造，如图 3-28 所示。

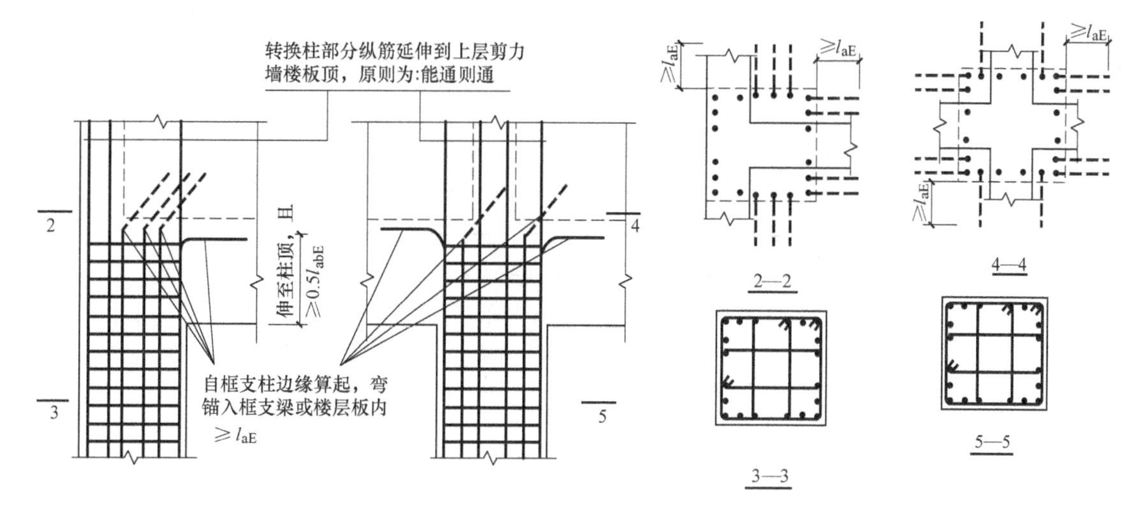

图 3-28 转换柱 ZHZ 配筋构造

1）转换柱的柱底纵筋的连接构造同抗震框架柱。

2）柱纵筋的连接宜采用机械连接接头。

3）转换柱部分纵筋延伸到上层剪力墙楼板顶，原则为：能通则通。

4）转换柱纵筋中心距不应小于 80mm，且净距不应小于 50mm。

细节：井字梁配筋构造

井字梁配筋构造如图 3-29 所示。

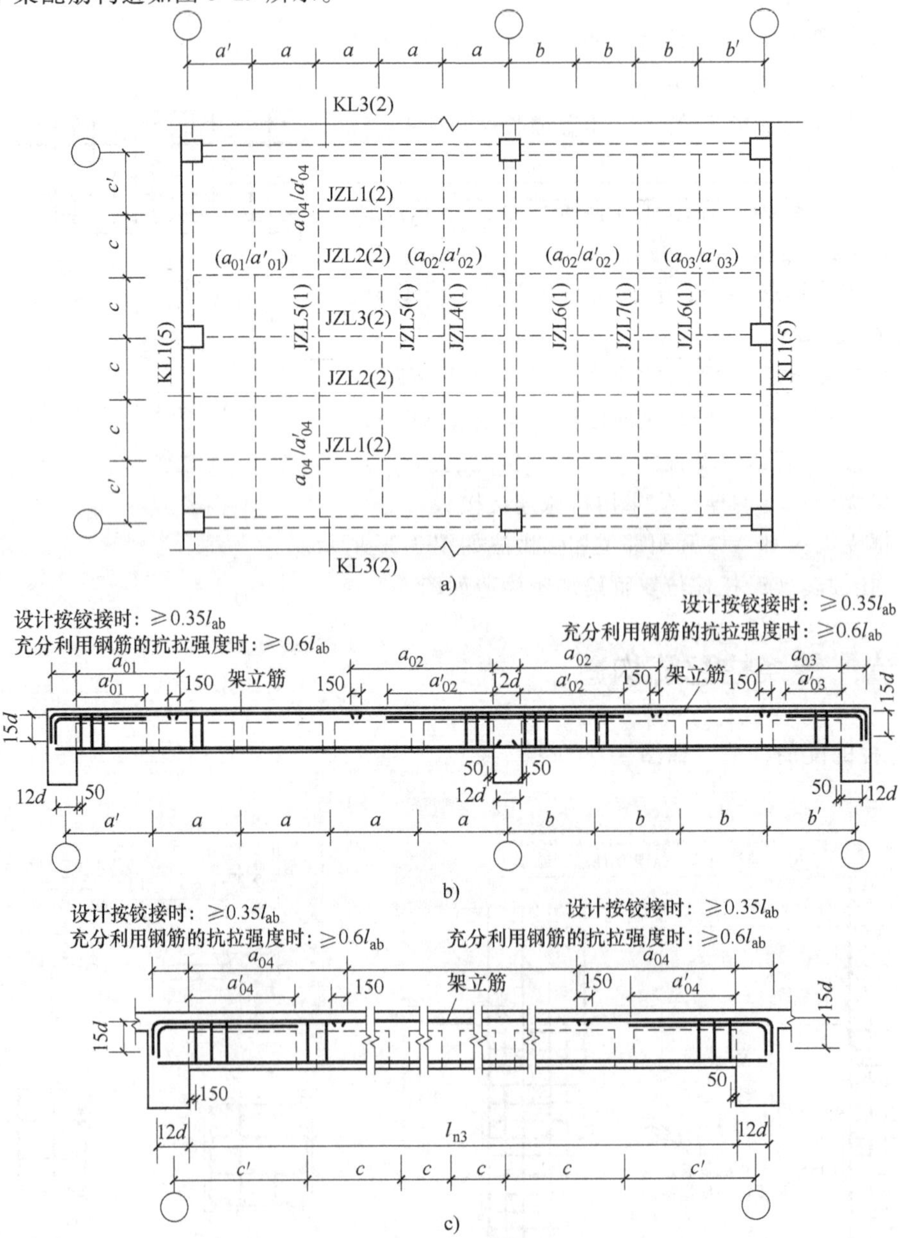

图 3-29　井字梁配筋构造

a）平面布置图　b）JZL2（2）配筋构造　c）JZL5（1）配筋构造

井字梁配筋构造要求：

1）上部纵筋锚入端支座的水平段长度：当设计按铰接时，长度≥$0.35l_{ab}$；当充分利用钢筋的抗拉强度时，长度≥$0.6l_{ab}$，弯锚 $15d$。

2）架立筋与支座负筋的搭接长度为150mm。

3）下部纵筋在端支座直锚 $12d$，在中间支座直锚 $12d$。

4）从距支座边缘50mm处开始布置第一个箍筋。

细节：贯通筋的加工、下料尺寸计算

1. 贯通筋加工、下料尺寸计算推导

贯通筋的加工尺寸，分为三段，如图3-30所示。

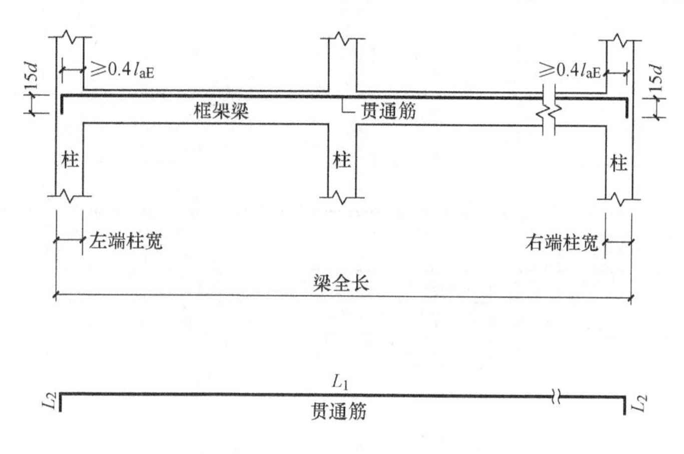

图3-30　贯通筋的加工尺寸

图3-30中，“≥$0.4l_{aE}$”，表示一级、二级、三级、四级抗震等级钢筋，进入柱中水平方向的锚固长度值；“$15d$”，表示在柱中竖向的锚固长度值。

在标注贯通筋加工尺寸时，不要忘记它标注的是外皮尺寸。这时，在求下料长度时，需要减去由于有两个直角钩而发生的外皮差值。

在框架结构的构件中，纵向受力钢筋的直角弯曲半径，单独有规定，见表3-8。

表3-8　钢筋外皮尺寸的差值

弯曲角度	HPB300级主筋	轻骨料中HPB300级主筋	HRB335级主筋	HRB400级主筋	箍筋	平法框架主筋		
	$R=1.25d$	$R=1.75d$	$R=2d$	$R=2.5d$	$R=2.5d$	$R=4d$	$R=6d$	$R=8d$
30°	$0.29d$	$0.296d$	$0.299d$	$0.305d$	$0.305d$	$0.323d$	$0.348d$	$0.373d$
45°	$0.49d$	$0.511d$	$0.522d$	$0.543d$	$0.543d$	$0.608d$	$0.694d$	$0.78d$
60°	$0.765d$	$0.819d$	$0.846d$	$0.9d$	$0.9d$	$1.061d$	$1.276d$	$1.491d$
90°	$1.751d$	$1.966d$	$2.073d$	$2.288d$	$2.288d$	$2.931d$	$3.79d$	$4.648d$
135°	$2.24d$	$2.477d$	$2.595d$	$2.831d$	$2.831d$	$3.539d$	$4.484d$	$5.428d$
180°	$3.502d$	$3.932d$	$4.146d$	$4.576d$	$4.576d$			

注：1. 135°和180°的差值必须具备准确的外皮尺寸值。

2. 平法框架主筋 $d≤25$mm 时，$R=4d$（$6d$）；$d>25$mm 时，$R=6d$（$8d$）。括号内为顶层边节点要求。

在框架结构的构件中，常用的钢筋，有 HRB335 级和 HRB400 级钢筋；常用的混凝土，有 C30、C35 和≥C40 几种。另外，还要考虑结构的抗震等级等因素。

综合上述各种因素，为了计算方便，用表的形式把计算公式列入其中，见表 3-9～表 3-14。

表 3-9　HRB335 级钢筋 C30 混凝土框架梁贯通筋计算表　　（单位：mm）

抗震等级	l_{aE}	直径	L_1	L_2	下料长度
一级抗震	33d	d≤25	梁全长-左端柱宽-右端柱宽+2×13.2d	15d	$L_1+2\times L_2-2\times$外皮差值
二级抗震	33d		梁全长-左端柱宽-右端柱宽+2×13.2d		
三级抗震	30d		梁全长-左端柱宽-右端柱宽+2×12d		
四级抗震	29d		梁全长-左端柱宽-右端柱宽+2×11.6d		

表 3-10　HRB335 级钢筋 C35 混凝土框架梁贯通筋计算表　　（单位：mm）

抗震等级	l_{aE}	直径	L_1	L_2	下料长度
一级抗震	31d	d≤25	梁全长-左端柱宽-右端柱宽+2×12.4d	15d	$L_1+2\times L_2-2\times$外皮差值
二级抗震	31d		梁全长-左端柱宽-右端柱宽+2×12.4d		
三级抗震	28d		梁全长-左端柱宽-右端柱宽+2×11.2d		
四级抗震	27d		梁全长-左端柱宽-右端柱宽+2×10.8d		

表 3-11　HRB335 级钢筋≥C40 混凝土框架梁贯通筋计算表　（单位：mm）

抗震等级	l_{aE}	直径	L_1	L_2	下料长度
一级抗震	29d	d≤25	梁全长-左端柱宽-右端柱宽+2×11.6d	15d	$L_1+2\times L_2-2\times$外皮差值
二级抗震	29d		梁全长-左端柱宽-右端柱宽+2×11.6d		
三级抗震	26d		梁全长-左端柱宽-右端柱宽+2×10.4d		
四级抗震	25d		梁全长-左端柱宽-右端柱宽+2×10d		

表 3-12　HRB400 级钢筋 C30 混凝土框架梁贯通筋计算表　（单位：mm）

抗震等级	l_{aE}	直径	L_1	L_2	下料长度
一级抗震	40d	d≤25	梁全长-左端柱宽-右端柱宽+2×16d	15d	$L_1+2\times L_2-2\times$外皮差值
	45d	d>25	梁全长-左端柱宽-右端柱宽+2×18d		
二级抗震	40d	d≤25	梁全长-左端柱宽-右端柱宽+2×16d		
	45d	d>25	梁全长-左端柱宽-右端柱宽+2×18d		
三级抗震	37d	d≤25	梁全长-左端柱宽-右端柱宽+2×14.8d		
	41d	d>25	梁全长-左端柱宽-右端柱宽+2×16.4d		
四级抗震	35d	d≤25	梁全长-左端柱宽-右端柱宽+2×14d		
	39d	d>25	梁全长-左端柱宽-右端柱宽+2×15.6d		

表 3-13　HRB400 级钢筋 C35 混凝土框架梁贯通筋计算表　（单位：mm）

抗震等级	l_{aE}	直径	L_1	L_2	下料长度
一级抗震	37d	d≤25	梁全长-左端柱宽-右端柱宽+2×14.8d	15d	$L_1+2\times L_2-2\times$外皮差值
	40d	d>25	梁全长-左端柱宽-右端柱宽+2×16d		
二级抗震	37d	d≤25	梁全长-左端柱宽-右端柱宽+2×14.8d		
	40d	d>25	梁全长-左端柱宽-右端柱宽+2×16d		
三级抗震	34d	d≤25	梁全长-左端柱宽-右端柱宽+2×13.6d		
	37d	d>25	梁全长-左端柱宽-右端柱宽+2×14.8d		
四级抗震	32d	d≤25	梁全长-左端柱宽-右端柱宽+2×12.8d		
	35d	d>25	梁全长-左端柱宽-右端柱宽+2×14d		

表 3-14　HRB400 级钢筋≥C40 混凝土框架梁贯通筋计算表　（单位：mm）

抗震等级	l_{aE}	直径	L_1	L_2	下料长度
一级抗震	$33d$	$d\leqslant 25$	梁全长-左端柱宽-右端柱宽+2×13.2d	$15d$	$L_1+2\times L_2-2\times$外皮差值
	$37d$	$d>25$	梁全长-左端柱宽-右端柱宽+2×14.8d		
二级抗震	$33d$	$d\leqslant 25$	梁全长-左端柱宽-右端柱宽+2×13.2d		
	$37d$	$d>25$	梁全长-左端柱宽-右端柱宽+2×14.8d		
三级抗震	$30d$	$d\leqslant 25$	梁全长-左端柱宽-右端柱宽+2×12d		
	$34d$	$d>25$	梁全长-左端柱宽-右端柱宽+2×13.6d		
四级抗震	$29d$	$d\leqslant 25$	梁全长-左端柱宽-右端柱宽+2×11.6d		
	$32d$	$d>25$	梁全长-左端柱宽-右端柱宽+2×12.8d		

2. 贯通筋的加工、下料尺寸算例

【例 3-13】 已知抗震等级为一级的框架楼层连续梁，选用 HRB400 级钢筋，直径 $d=22$mm，C35 混凝土，梁全长 30m，两端柱宽度均为 500mm，求加工尺寸（即简图及其外皮尺寸）和下料长度尺寸。

解：

L_1 = 梁全长-左端柱宽度-右端柱宽度+14.8d

= 30000-500-500+14.8×22

= 29325.6mm

$L_2=15d$

= 15×22

= 330mm

下料长度 = $L_1+2\times L_2-2\times$外皮差值（外皮差值查表 3-8）

= 29325.6+2×330-2×2.931d≈29857mm

细节：边跨上部直角筋的加工、下料尺寸计算

1. 边跨上部一排直角筋的加工、下料尺寸计算原理

结合图 3-31、图 3-32 可知，这是梁与边柱交接处，在梁的上部，放置承受负弯矩的直角形钢筋。筋的 L_1 部分，是由两部分组成：即由三分之一边净跨长度，加上 0.4l_{aE}。计算时参看表 3-15～表 3-20 进行。

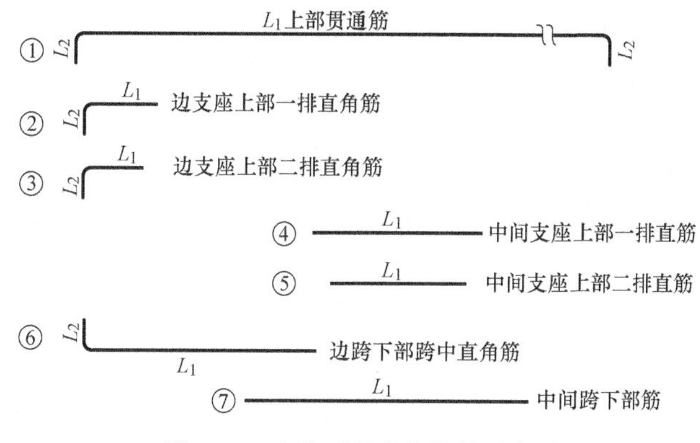

图 3-31　边跨下部直角筋的示意图

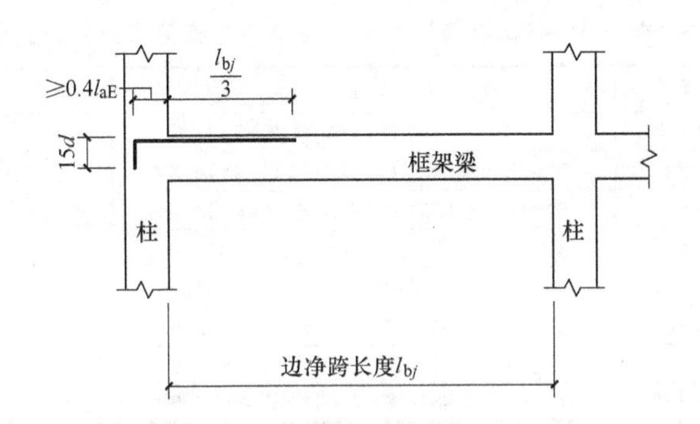

L_1

L_2　边跨上部一排直角筋

图 3-32　边跨上部直角筋的示意图

表 3-15　HRB335 级钢筋 C30 混凝土框架梁边跨上部一排直角筋计算表　（单位：mm）

抗震等级	l_{aE}	直径	L_1	L_2	下料长度
一级抗震	33d	d≤25	边净跨长度/3+13.2d	15d	L_1+L_2-外皮差值
二级抗震	33d		边净跨长度/3+13.2d		
三级抗震	30d		边净跨长度/3+12d		
四级抗震	29d		边净跨长度/3+11.6d		

表 3-16　HRB335 级钢筋 C35 混凝土框架梁边跨上部一排直角筋计算表　（单位：mm）

抗震等级	l_{aE}	直径	L_1	L_2	下料长度
一级抗震	31d	d≤25	边净跨长度/3+12.4d	15d	L_1+L_2-外皮差值
二级抗震	31d		边净跨长度/3+12.4d		
三级抗震	28d		边净跨长度/3+11.2d		
四级抗震	27d		边净跨长度/3+10.8d		

表 3-17　HRB335 级钢筋≥C40 混凝土框架梁边跨上部一排直角筋计算表　（单位：mm）

抗震等级	l_{aE}	直径	L_1	L_2	下料长度
一级抗震	29d	d≤25	边净跨长度/3+11.6d	15d	L_1+L_2-外皮差值
二级抗震	29d		边净跨长度/3+11.6d		
三级抗震	26d		边净跨长度/3+10.4d		
四级抗震	25d		边净跨长度/3+10d		

表 3-18　HRB400 级钢筋 C30 混凝土框架梁边跨上部一排直角筋计算表（单位：mm）

抗震等级	l_{aE}	直径	L_1	L_2	下料长度
一级抗震	40d	d≤25	边净跨长度/3+16d	15d	L_1+L_2-外皮差值
	45d	d>25	边净跨长度/3+18d		
二级抗震	40d	d≤25	边净跨长度/3+16d		
	45d	d>25	边净跨长度/3+18d		
三级抗震	37d	d≤25	边净跨长度/3+14.8d		
	41d	d>25	边净跨长度/3+16.4d		
四级抗震	35d	d≤25	边净跨长度/3+14d		
	39d	d>25	边净跨长度/3+15.6d		

表3-19 HRB400级钢筋C35混凝土框架梁边跨上部一排直角筋计算表 (单位：mm)

抗震等级	l_{aE}	直径	L_1	L_2	下料长度
一级抗震	37d	d≤25	边净跨长度/3+14.8d	15d	L_1+L_2-外皮差值
	40d	d>25	边净跨长度/3+16d		
二级抗震	37d	d≤25	边净跨长度/3+14.8d		
	40d	d>25	边净跨长度/3+16d		
三级抗震	34d	d≤25	边净跨长度/3+13.6d		
	37d	d>25	边净跨长度/3+14.8d		
四级抗震	32d	d≤25	边净跨长度/3+12.8d		
	35d	d>25	边净跨长度/3+14d		

表3-20 HRB400级钢筋≥C40混凝土框架梁边跨上部一排直角筋计算表 (单位：mm)

抗震等级	l_{aE}	直径	L_1	L_2	下料长度
一级抗震	33d	d≤25	边净跨长度/3+13.2d	15d	L_1+L_2-外皮差值
	37d	d>25	边净跨长度/3+14.8d		
二级抗震	33d	d≤25	边净跨长度/3+13.2d		
	37d	d>25	边净跨长度/3+14.8d		
三级抗震	30d	d≤25	边净跨长度/3+12d		
	34d	d>25	边净跨长度/3+13.6d		
四级抗震	29d	d≤25	边净跨长度/3+11.6d		
	32d	d>25	边净跨长度/3+12.8d		

2. 边跨上部一排直角筋的加工、下料尺寸算例

【例3-14】 已知抗震等级为三级的框架楼层连续梁，选用HRB335级钢筋，直径d=24mm，C30混凝土，边净跨长度为5m，求加工尺寸（即简图及其外皮尺寸）和下料长度尺寸。

解：

L_1=三分之一边净跨长度+12d（查表3-15）

=5000/3+12d

≈1667+12×24

≈1955mm

L_2=15d

=15×24

=360mm

下料长度=L_1+L_2-外皮差值（查表3-8）

=1955+360-2.931d

=1955+360-2.931×24

≈2245mm

3. 边跨上部二排直角筋的加工、下料尺寸计算

边跨上部二排直角筋的加工、下料尺寸和边跨上部一排直角筋的加工、下料尺寸的计算方法基本相同。仅差在L_1中前者是四分之一边净跨度，而后者是三分之一边净跨度，如图3-33所示。

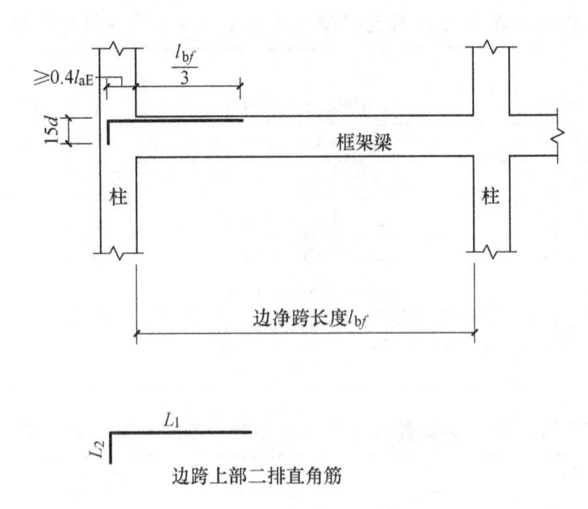

图 3-33　边跨上部二排直角筋的示意图

计算方法与前节类似，计算步骤此处不再详述。

细节：中间支座上部直筋的加工、下料尺寸计算

1. 中间支座上部一排直筋的加工、下料尺寸计算原理

图 3-34 所示为中间支座上部一排直筋的详图，此类直筋的加工、下料尺寸只需取其左、右两净跨长度大者的三分之一再乘以 2，而后加入中间柱宽即可。

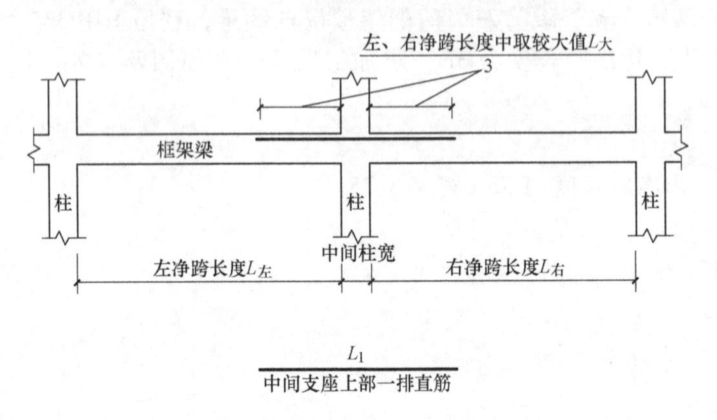

图 3-34　中间支座上部一排直筋的示意图

设：左净跨长度 $=L_左$；

右净跨长度 $=L_右$；

左、右净跨长度中取较大值 $=L_大$。则有

$L_1=2\times L_大/3+$中间柱宽

2. 中间支座上一排直筋加工、下料尺寸算例

【例 3-15】　已知框架楼层连续梁，直径 $d=24$mm，左净跨长度为 5.5m，右净跨长度为 5.4m，柱宽为 450mm，求钢筋下料长度尺寸。

解：

$L_1 = 2\times5500/3+450$

$\approx 4117\text{mm}$

3. 中间支座上部二排直筋的加工、下料尺寸

如图3-35所示，中间支座上二排直筋的加工、下料尺寸计算与一排直筋基本相同，只是取左、右两跨长度大者的四分之一进行计算。

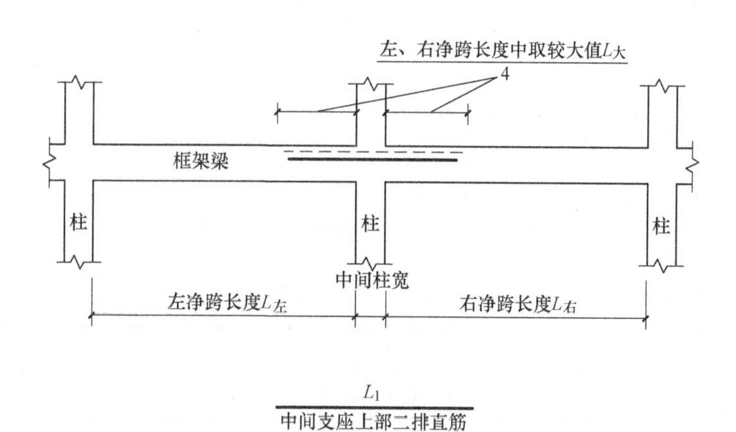

图3-35　中间支座上部二排直筋的示意图

设：左净跨长度$=L_{左}$；

右净跨长度$=L_{右}$；

左、右净跨长度中取较大值$=L_{大}$。则有

$L_1 = 2\times L_{大}/4+$中间柱宽

细节：边跨下部跨中直角筋的加工、下料尺寸计算

1. 计算原理

如图3-36所示，L_1是由三部分组成，即锚入边柱部分、锚入中柱部分、边净跨度部分。

下料长度$=L_1+L_2-$外皮差值

具体计算见表3-21～表3-26。在表3-21～表3-26的附注中，提及的h_c，是指沿框架方向的柱宽。

表3-21　HRB335级钢筋C30混凝土框架梁边跨下部跨中直角筋计算表（单位：mm）

抗震等级	l_{aE}	直径	L_1	L_2	下料长度
一级抗震	$33d$	$d\leqslant25$	$13.2d$+边净跨度+锚固值	$15d$	L_1+L_2−外皮差值
二级抗震	$33d$		$13.2d$+边净跨度+锚固值		
三级抗震	$30d$		$12d$+边净跨度+锚固值		
四级抗震	$29d$		$11.6d$+边净跨度+锚固值		

注：l_{aE}与$0.5h_c+5d$，两者取大，令其等于“锚固值”；外皮差值查表3-8。

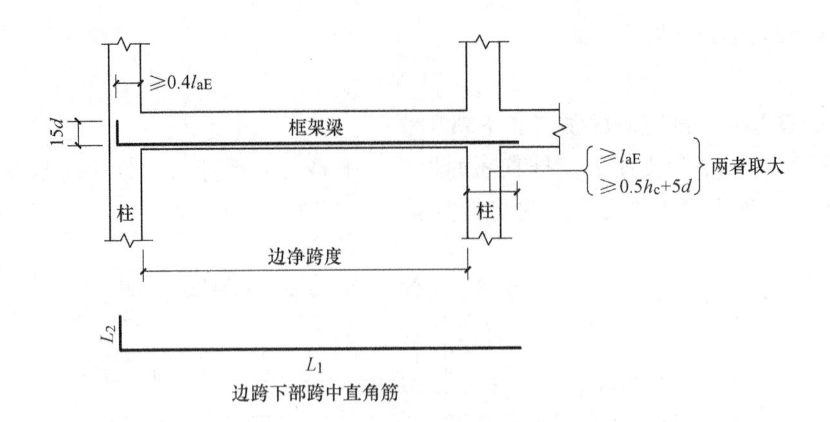

图 3-36　边跨下部跨中直角筋详图

表 3-22　HRB335 级钢筋 C35 混凝土框架梁边跨下部跨中直角筋计算表　（单位：mm）

抗震等级	l_{aE}	直径	L_1	L_2	下料长度
一级抗震	31d	d≤25	12.4d+边净跨度+锚固值	15d	L_1+L_2−外皮差值
二级抗震	31d		12.4d+边净跨度+锚固值		
三级抗震	28d		11.2d+边净跨度+锚固值		
四级抗震	27d		10.8d+边净跨度+锚固值		

注：l_{aE}与 0.5h_c+5d，两者取大，令其等于“锚固值”；外皮差值查表 3-8。

表 3-23　HRB335 级钢筋≥C40 混凝土框架梁边跨下部跨中直角筋计算表（单位：mm）

抗震等级	l_{aE}	直径	L_1	L_2	下料长度
一级抗震	29d	d≤25	11.6d+边净跨度+锚固值	15d	L_1+L_2−外皮差值
二级抗震	29d		11.6d+边净跨度+锚固值		
三级抗震	26d		10.4d+边净跨度+锚固值		
四级抗震	25d		10d+边净跨度+锚固值		

注：l_{aE}与 0.5h_c+5d，两者取大，令其等于“锚固值”；外皮差值查表 3-8。

表 3-24　HRB400 级钢筋 C30 混凝土框架梁边跨下部跨中直角筋计算表　（单位：mm）

抗震等级	l_{aE}	直径	L_1	L_2	下料长度
一级抗震	40d	d≤25	16d+边净跨度+锚固值	15d	L_1+L_2−外皮差值
	45d	d>25	18d+边净跨度+锚固值		
二级抗震	40d	d≤25	16d+边净跨度+锚固值		
	45d	d>25	18d+边净跨度+锚固值		
三级抗震	37d	d≤25	14.8d+边净跨度+锚固值		
	41d	d>25	16.4d+边净跨度+锚固值		
四级抗震	35d	d≤25	14d+边净跨度+锚固值		
	39d	d>25	15.6d+边净跨度+锚固值		

注：l_{aE}与 0.5h_c+5d，两者取大，令其等于“锚固值”；外皮差值查表 3-8。

表 3-25　HRB400 级钢筋 C35 混凝土框架梁边跨下部跨中直角筋计算表　（单位：mm）

抗震等级	l_{aE}	直径	L_1	L_2	下料长度
一级抗震	37d	d≤25	14.8d+边净跨度+锚固值	15d	L_1+L_2-外皮差值
	40d	d>25	16d+边净跨度+锚固值		
二级抗震	37d	d≤25	14.8d+边净跨度+锚固值		
	40d	d>25	16d+边净跨度+锚固值		
三级抗震	34d	d≤25	13.6d+边净跨度+锚固值		
	37d	d>25	14.8d+边净跨度+锚固值		
四级抗震	32d	d≤25	12.8d+边净跨度+锚固值		
	35d	d>25	14d+边净跨度+锚固值		

注：l_{aE}与 $0.5h_c+5d$，两者取大，令其等于“锚固值”；外皮差值查表 3-8。

表 3-26　HRB400 级钢筋≥C40 混凝土框架梁边跨下部跨中直角筋计算表　（单位：mm）

抗震等级	l_{aE}	直径	L_1	L_2	下料长度
一级抗震	33d	d≤25	13.2d+边净跨度+锚固值	15d	L_1+L_2-外皮差值
	37d	d>25	14.8d+边净跨度+锚固值		
二级抗震	33d	d≤25	13.2d+边净跨度+锚固值		
	37d	d>25	14.8d+边净跨度+锚固值		
三级抗震	30d	d≤25	12d+边净跨度+锚固值		
	34d	d>25	13.6d+边净跨度+锚固值		
四级抗震	29d	d≤25	11.6d+边净跨度+锚固值		
	32d	d>25	12.8d+边净跨度+锚固值		

注：l_{aE}与 $0.5h_c+5d$，两者取大，令其等于“锚固值”；外皮差值查表 3-8。

2. 算例

【例 3-16】 已知抗震等级为四级的框架楼层连续梁，选用 HRB335 级钢筋，直径 d=24mm，C30 混凝土，边净跨长度为 5.5m，柱宽 450mm，求加工尺寸（即简图及其外皮尺寸）和下料长度尺寸。

解：

$l_{aE}=29d=696\text{mm}$

$0.5h_c+5d=225+120=345\text{mm}$

取 696mm

$L_1=12d+5500+696=6484\text{mm}$

$L_2=15d=360\text{mm}$

下料长度 $=L_1+L_2-$外皮差值

$=6484+360-2.931d$

$\approx 6774\text{mm}$

细节：中间跨下部筋的加工、下料尺寸计算

1. 计算原理

由图 3-37 可知，L_1 是由三部分组成的，即锚入左柱部分、锚入右柱部分和中间净跨长度。

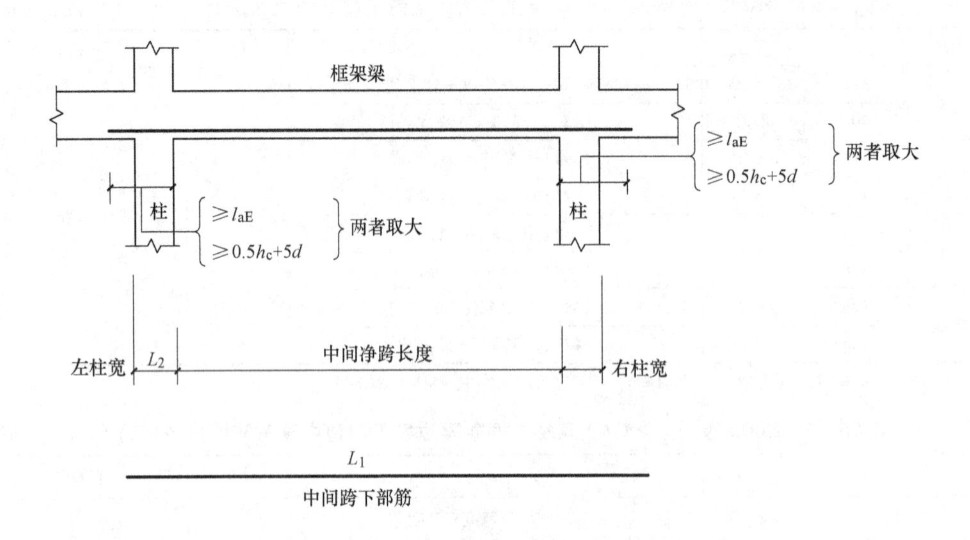

图 3-37　中间跨下部筋的示意图

下料长度 L_1 = 中间净跨长度+锚入左柱部分+锚入右柱部分。

锚入左柱部分、锚入右柱部分经取较大值后，各称为“左锚固值”、“右锚固值”。请注意，当左、右两柱的宽度不一样时，两个“锚固值”是不相等的。

具体计算见表 3-27～表 3-32。在表 3-27～表 3-32 的附注中，提及的 h_c 是指沿框架方向的柱宽。

表 3-27　HRB335 级钢筋 C30 混凝土框架梁中间跨下部筋计算表　　（单位：mm）

抗震等级	l_{aE}	直径	L_1	L_2	下料长度
一级抗震	33d	d≤25	左锚固值+中间净跨长度+右锚固值	15d	L_1
二级抗震	33d				
三级抗震	30d				
四级抗震	29d				

表 3-28　HRB335 级钢筋 C35 混凝土框架梁中间跨下部筋计算表　　（单位：mm）

抗震等级	l_{aE}	直径	L_1	L_2	下料长度
一级抗震	31d	d≤25	左锚固值+中间净跨长度+右锚固值	15d	L_1
二级抗震	31d				
三级抗震	28d				
四级抗震	27d				

表 3-29　HRB335 级钢筋≥C40 混凝土框架梁中间跨下部筋计算表　　（单位：mm）

抗震等级	l_{aE}	直径	L_1	L_2	下料长度
一级抗震	29d	d≤25	左锚固值+中间净跨长度+右锚固值	15d	L_1
二级抗震	29d				
三级抗震	26d				
四级抗震	25d				

表 3-30 HRB400 级钢筋 C30 混凝土框架梁中间跨下部筋计算表 （单位：mm）

抗震等级	l_{aE}	直径	L_1	L_2	下料长度
一级抗震	$40d$	$d \leq 25$	左锚固值+中间净跨长度+右锚固值	$15d$	L_1
	$45d$	$d>25$			
二级抗震	$40d$	$d \leq 25$			
	$45d$	$d>25$			
三级抗震	$37d$	$d \leq 25$			
	$41d$	$d>25$			
四级抗震	$35d$	$d \leq 25$			
	$39d$	$d>25$			

表 3-31 HRB400 级钢筋 C35 混凝土框架梁中间跨下部筋计算表 （单位：mm）

抗震等级	l_{aE}	直径	L_1	L_2	下料长度
一级抗震	$37d$	$d \leq 25$	左锚固值+中间净跨长度+右锚固值	$15d$	L_1
	$40d$	$d>25$			
二级抗震	$37d$	$d \leq 25$			
	$40d$	$d>25$			
三级抗震	$34d$	$d \leq 25$			
	$37d$	$d>25$			
四级抗震	$32d$	$d \leq 25$			
	$35d$	$d>25$			

表 3-32 HRB400 级钢筋≥C40 混凝土框架梁中间跨下部筋计算表 （单位：mm）

抗震等级	l_{aE}	直径	L_1	L_2	下料长度
一级抗震	$33d$	$d \leq 25$	左锚固值+中间净跨长度+右锚固值	$15d$	L_1
	$37d$	$d>25$			
二级抗震	$33d$	$d \leq 25$			
	$37d$	$d>25$			
三级抗震	$30d$	$d \leq 25$			
	$34d$	$d>25$			
四级抗震	$29d$	$d \leq 25$			
	$32d$	$d>25$			

2. 算例

【例 3-17】 已知抗震等级为三级的框架楼层连续梁，选用 HRB335 级钢筋，直径 $d=24$mm，C30 混凝土，中间净跨长度为 5m，左柱宽 450mm，右柱宽 550mm，求加工尺寸（即简图及其外皮尺寸）和下料长度尺寸。

解：

参见表 3-27。

求 l_{aE}：

$l_{aE}=30d$

$=30\times24=720$mm

求左锚固值：

$0.5h_c+5d$

$=0.5\times450+5\times24=225+120=345$mm

345 与 720 比较，左锚固值取 720mm

求右锚固值：

$0.5h_c+5d$

$=0.5\times550+5\times24=275+120=395$mm

395 与 720 比较，右锚固值取 720mm

求 L_1（这里 L_1 为下料长度）：

$L_1=720+5000+720$

$=6440$mm

细节：边跨和中跨搭接架立筋的下料尺寸

1. 边跨搭接架立筋的下料尺寸计算原理

图 3-38 所示为边跨搭接架立筋与左右净跨长度、边净跨长度以及搭接长度的关系。

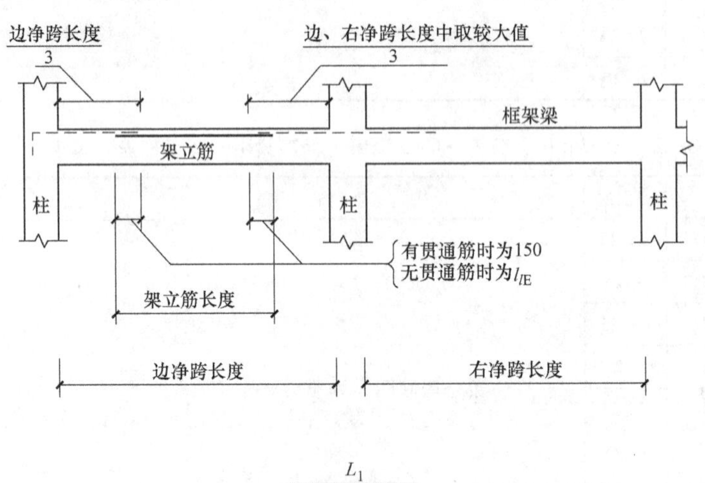

L_1

边跨搭接架立筋

图 3-38 边跨架立筋搭接关系

计算时，首先需要知道和哪个筋搭接。边跨搭接架立筋是要和两根筋搭接：一端是和边跨上部一排直角筋的水平端搭接；另一端是和中间支座上部一排直筋搭接。搭接长度有规定，结构有贯通筋时为 150mm；无贯通筋时为 l_{lE}。考虑此架立筋是构造需要，建议 l_{lE} 按 $1.2l_{aE}$取值。

下料尺寸计算方法如下：

边净跨长度-(边净跨长度/3)-(左、右净跨长度中的较大值/3)+(2×搭接长度)

2. 边跨搭接架立筋下料尺寸算例

【例 3-18】 已知梁已有贯通筋，边净跨长度6.5m，右净跨长度为6m，求架立筋下料尺寸。

解：

因为边净跨长度比左净跨长度大，所以

6500−6500/3−6500/3+2×150≈2467mm

3. 中跨搭接架立筋的下料尺寸计算原理

图3-39所示为中跨搭接架立筋与左、右净跨长度及中间跨净跨长度的关系。

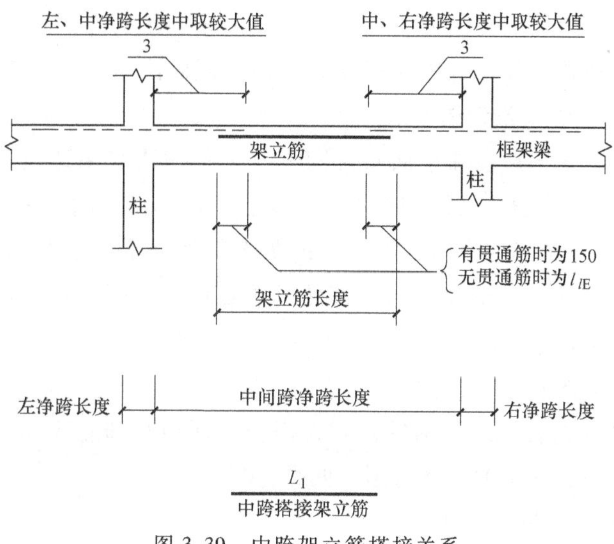

图3-39 中跨架立筋搭接关系

中跨搭接架立筋的下料尺寸计算与边跨搭接架立筋的下料尺寸计算基本相同，只是把边跨改成了中间跨而已。

细节：角部附加筋的加工、下料尺寸计算

1. 角部附加筋加工、下料尺寸的计算

角部附加筋用在顶层屋面梁与边角柱的节点处，因此，它的加工弯曲半径$R=6d$，如图3-40所示。

【例 3-19】

设$d=20$mm

下料长度 = 300 + 300 − 外皮差值。外皮差值查表3-8，为$3.79d$。

下料长度 = 300+300−3.79×20

= 600−3.79×20

≈ 524mm

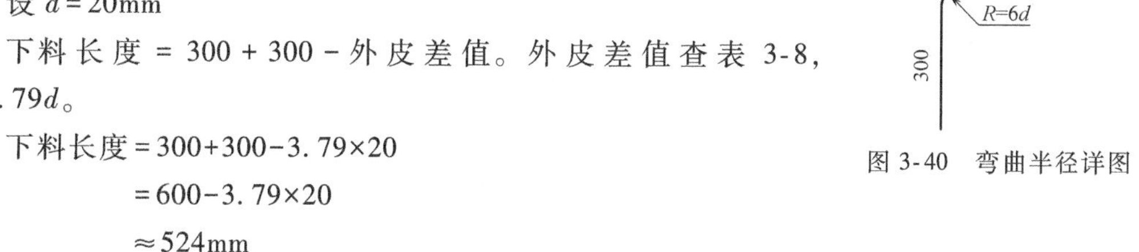

图3-40 弯曲半径详图

2. 其余钢筋加工、下料尺寸的计算

下部贯通筋和侧面纵向抗扭钢筋的加工、下料尺寸，计算方法同上部贯通筋。梁侧面纵向构造钢筋，属于不需计算的，伸至梁端（前30mm）即可。

第4章　柱　构　件

细节：柱构件的平法表达方式

柱构件的平法表达方式分“列表注写方式”和“截面注写方式”两种。

1. 柱构件列表注写方式及识图方法

柱构件列表注写方式，是在柱平面布置图上（一般只需采用适当比例绘制一张柱平面布置图，包括框架柱、框支柱、梁上柱和剪力墙上柱），分别在同一编号的柱中选择一个（有时需要选择几个）截面标注几何参数代号；在柱表中注写柱编号、柱段起止标高、几何尺寸（含柱截面对轴线的偏心情况）与配筋的具体数值，并配以各种柱截面形状及其箍筋类型图的方式，来表达柱平法施工图。

柱列表注写方式如图4-1所示。

阅读柱列表注写方式表达的柱构件，要将四个方面结合和对应起来阅读，一是柱平面图，二是层高与标高表，三是箍筋类型图，四是柱列表。

2. 柱截面注写方式及识图方法

柱构件截面注写方式，系在分标准层绘制的柱平面布置图的柱截面上，分别在同一编号的柱中选择一个截面，以直接注写截面尺寸和配筋具体数值的方式来表达柱平法施工图。

柱截面注写方式如图4-2所示。

柱截面注写方式的识图，从两个方面对照阅读，一是柱平面图，二是层高标高表。

3. 柱列表注写方式与截面注写方式的区别

为了方便理解，将柱列表注写方式与截面注写方式的区别稍作整理，见表4-1。可以看出，截面注写方式不再单独注写箍筋类型图及柱列表，而是直接在柱平面图上的截面注写，包括列表注写中的箍筋类型图及柱列表的内容。

表4-1　柱列表注写方式与截面注写方式的区别

项　　目	列表注写方式	截面注写方式
一	柱平面图	柱平面图+截面注写
二	层高与标高表	层高与标高表
三	箍筋类型表	—
四	柱列表	

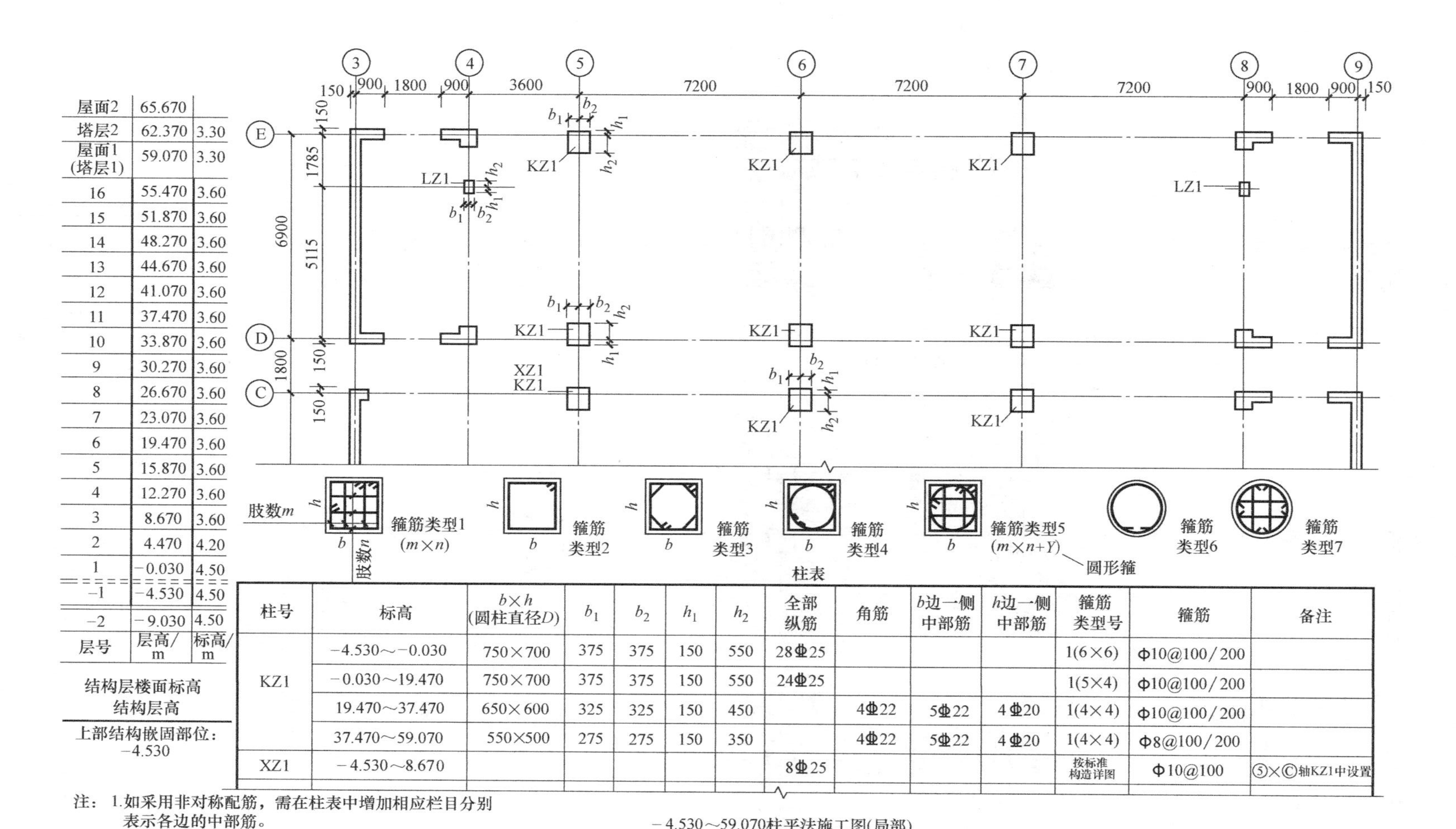

层号	标高/m	层高/m
屋面2	65.670	
塔层2	62.370	3.30
屋面1(塔层1)	59.070	3.30
16	55.470	3.60
15	51.870	3.60
14	48.270	3.60
13	44.670	3.60
12	41.070	3.60
11	37.470	3.60
10	33.870	3.60
9	30.270	3.60
8	26.670	3.60
7	23.070	3.60
6	19.470	3.60
5	15.870	3.60
4	12.270	3.60
3	8.670	3.60
2	4.470	4.20
1	-0.030	4.50
-1	-4.530	4.50
-2	-9.030	4.50

柱表

柱号	标高	b×h(圆柱直径D)	b_1	b_2	h_1	h_2	全部纵筋	角筋	b边一侧中部筋	h边一侧中部筋	箍筋类型号	箍筋	备注
KZ1	-4.530~-0.030	750×700	375	375	150	550	28Φ25				1(6×6)	Φ10@100/200	
	-0.030~19.470	750×700	375	375	150	550	24Φ25				1(5×4)	Φ10@100/200	
	19.470~37.470	650×600	325	325	150	450		4Φ22	5Φ22	4Φ20	1(4×4)	Φ10@100/200	
	37.470~59.070	550×500	275	275	150	350		4Φ22	5Φ22	4Φ20	1(4×4)	Φ8@100/200	
XZ1	-4.530~8.670						8Φ25				按标准构造详图	Φ10@100	⑤×Ⓒ轴KZ1中设置

注：1.如采用非对称配筋，需在柱表中增加相应栏目分别表示各边的中部筋。
2.箍筋对纵筋至少隔一拉一。
3.类型1、5的箍筋肢数可有多种组合，右图为5×4的组合，其余类型为固定形式，在表中只注类型号即可。
4.地下一层(-1层)、首层(1层)柱端箍筋加密区长度范围及纵筋连接位置均按嵌固部位要求设置。

图 4-1 柱平法施工图列表注写方式示例

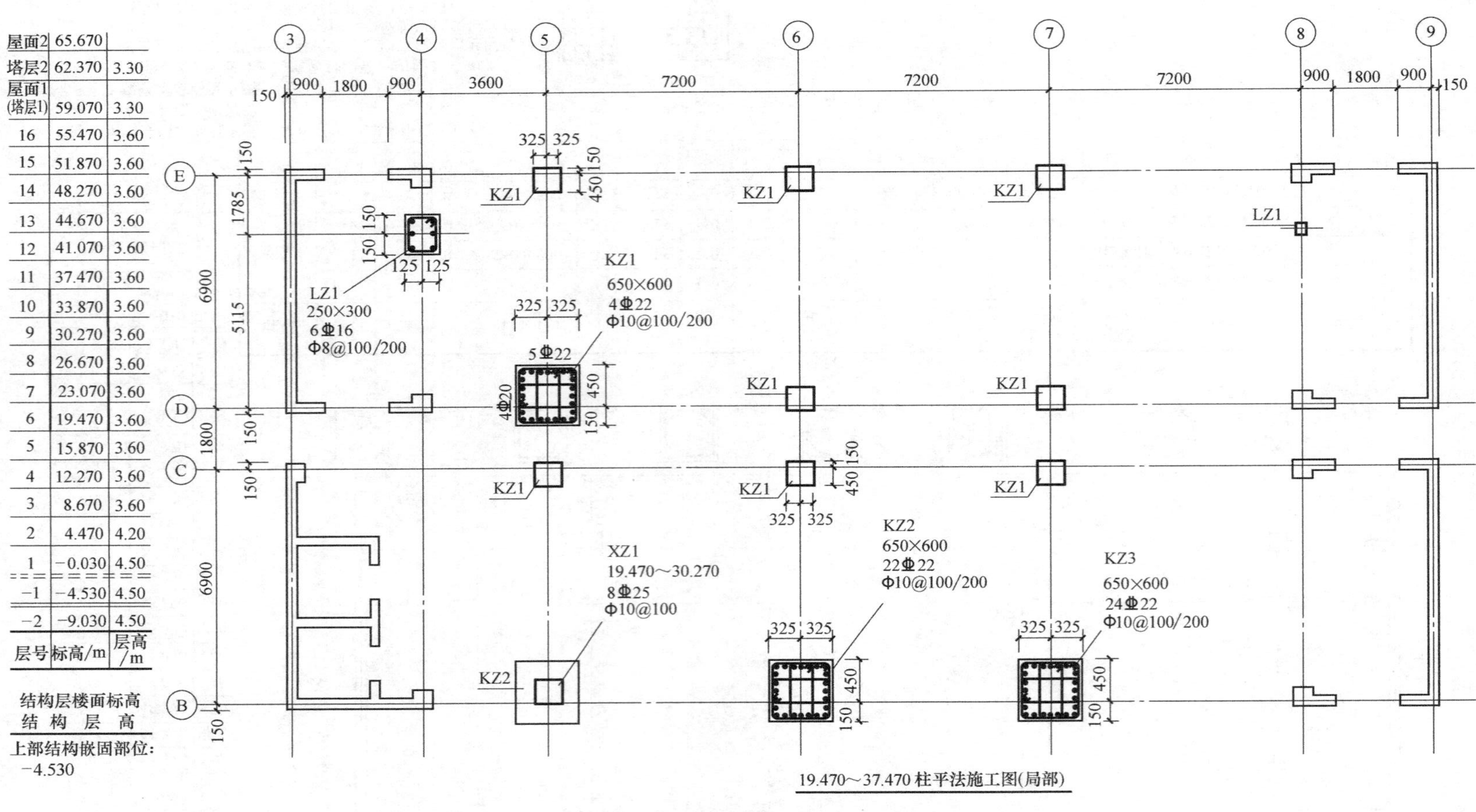

层号	标高/m	层高/m
屋面2	65.670	
塔层2	62.370	3.30
屋面1(塔层1)	59.070	3.30
16	55.470	3.60
15	51.870	3.60
14	48.270	3.60
13	44.670	3.60
12	41.070	3.60
11	37.470	3.60
10	33.870	3.60
9	30.270	3.60
8	26.670	3.60
7	23.070	3.60
6	19.470	3.60
5	15.870	3.60
4	12.270	3.60
3	8.670	3.60
2	4.470	4.20
1	−0.030	4.50
−1	−4.530	4.50
−2	−9.030	4.50

结构层楼面标高
结构层高

上部结构嵌固部位：
−4.530

19.470～37.470柱平法施工图(局部)

图4-2　柱平法施工图截面注写方式示例

细节：柱列表注写方式识图要点

1. 截面尺寸

矩形截面尺寸用 $b\times h$ 表示，$b=b_1+b_2$，$h=h_1+h_2$。圆形柱截面尺寸由“D”打头注写圆形柱直径，并且仍然用 b_1、b_2、h_1、h_2 表示圆形柱与轴线的位置关系，如图 4-3 所示。

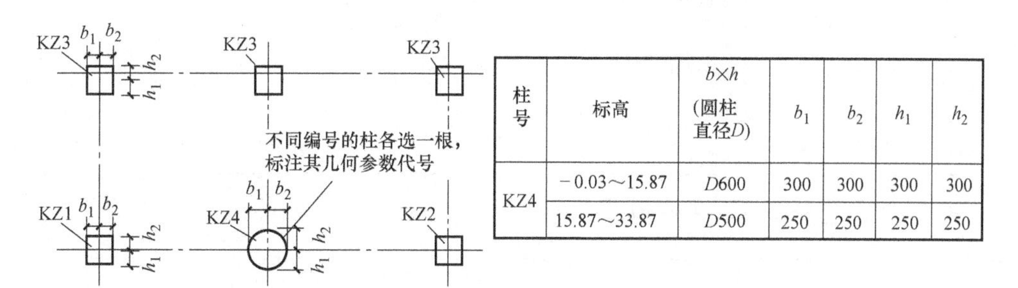

柱号	标高	$b\times h$（圆柱直径D）	b_1	b_2	h_1	h_2
KZ4	−0.03～15.87	D600	300	300	300	300
	15.87～33.87	D500	250	250	250	250

图 4-3　柱列表注写方式识图要点

2. 芯柱

1）首先，如果某柱带有芯柱，则在柱平面图引出，注写芯柱编号。

2）其次，芯柱的起止标高按设计标注。

如图 4-4 所示。

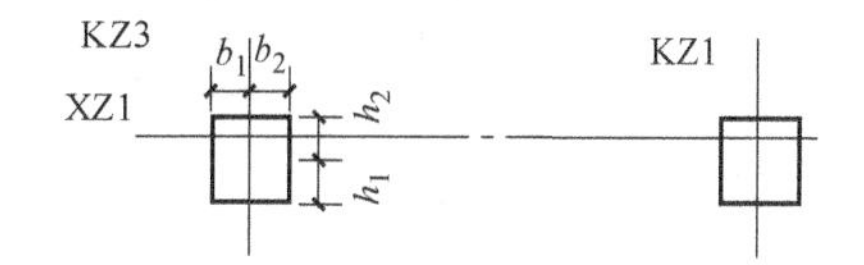

柱号	标高	$b\times h$（圆柱直径D）	b_1	b_2	h_1	h_2	全部纵筋	角筋	b边一侧中部筋	h边一侧中部筋	箍筋
KZ3	−0.03～15.87	600×600	300	300	300	300		4Φ25	2Φ25	2Φ25	
XZ1	−0.03～8.67						8Φ25				Φ10@200

图 4-4　芯柱识图

3）芯柱截面尺寸、与轴线的位置关系：芯柱截面尺寸不用标注，芯的截面尺寸不小于柱相应边截面尺寸的 1/3，且不小于 250mm。

芯柱与轴线的位置与柱对应，不进行标注。

4）芯柱配筋，由设计者确定。

3. 箍筋

箍筋间距区分加密与非加密时，用“/”隔开，当箍筋沿柱全高为同一种间距时，则不使用“/”。

如果是圆柱的螺旋箍筋，以“L”打头注写箍筋信息，见表 4-2。

表 4-2 箍筋标注识图

柱号	标高	$b\times h$ （圆柱直径 D）	b_1	b_2	h_1	h_2	箍筋	备注
KZ1	-0.03~15.87	600×600	300	300	300	300	Φ10@100/200	箍筋区分加密区 非加密区
KZ2	-0.03~15.87	D500	250	250	250	205	LΦ10@100/200	采用螺旋箍筋
KZ3	-0.03~15.87	500×500	250	250	250	205	Φ10@200	柱全高只有 一种箍筋间距

4. 纵筋

如果角筋和各边中部钢筋直径相同，可在“全部纵筋”一列注写角筋及各边中部钢筋的总数，见表 4-3。

表 4-3 柱纵筋标注识图

柱号	标高	$b\times h$ （圆柱直径 D）	b_1	b_2	h_1	h_2	b 边一侧 中部筋	h 边一侧 中部筋	角筋	全部 纵筋
KZ1	-0.03~15.87	600×600	300	300	300	300	2Φ25	2Φ25	4Φ25	
KZ2	-0.03~15.87	500×500	250	250	250	205				8Φ25

细节：柱截面注写方式识图要点

1. 芯柱

截面注写方式中，如果某柱带有芯柱，则直接在截面注写中，注写芯柱编号及起止标高，如图 4-5 所示。

2. 配筋信息

配筋信息的识图要点：

1）如果纵筋直径不同，先引出注写角筋，然后各边再注写其纵筋，如果是对称配筋，则在对称的两边中，只注写其中一边即可，如图 4-6 所示。

2）如果纵筋直径相同，可以注写纵筋总数，如图 4-7 所示。

3）如果是非对称配筋，则每边注写实际的纵筋，如图 4-8 所示。

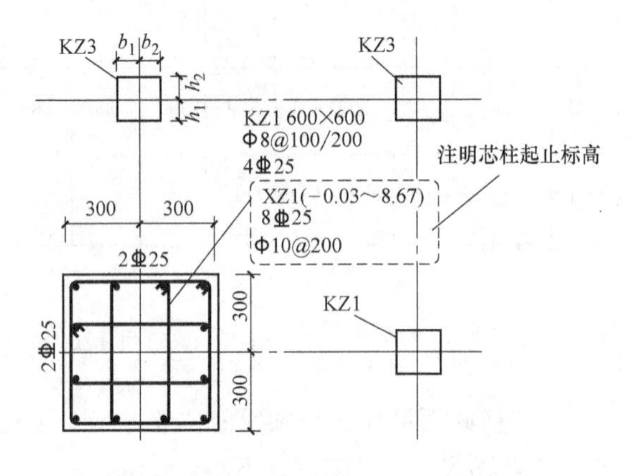

图 4-5 芯柱的截面注写方式表达

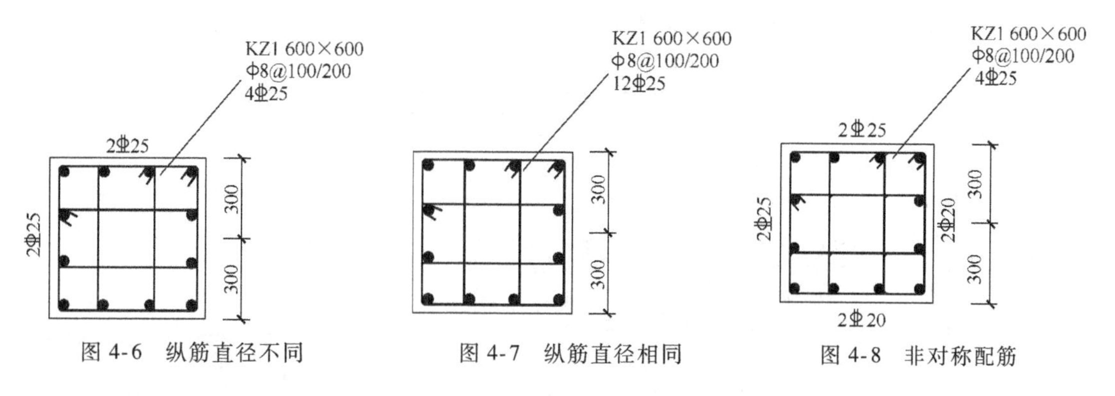

图4-6 纵筋直径不同　　图4-7 纵筋直径相同　　图4-8 非对称配筋

其他识图要点同列表注写方式，此处不再重复。

细节：框架柱构件钢筋构造知识体系

框架柱构件的钢筋构造，分布在《16G101-1》、《16G101-3》中，本节按构件组成、钢筋组成的思路，将框架柱构件的钢筋总结为表4-4所示的内容，整理出钢筋种类后，再一种钢筋一种钢筋地整理其各种构造情况，就是G101平法图集的学习方法——系统梳理。

表4-4 框架柱构件钢筋种类

<table>
<tr><th>钢筋种类</th><th colspan="2">构造情况</th></tr>
<tr><td rowspan="11">纵筋</td><td rowspan="4">基础内柱纵筋</td><td>独立基础、条形基础、承台内柱纵筋</td></tr>
<tr><td>筏形基础(基础梁、基础平板)</td></tr>
<tr><td>大直径灌注桩</td></tr>
<tr><td>芯柱</td></tr>
<tr><td colspan="2">梁上柱、墙上柱纵筋</td></tr>
<tr><td colspan="2">地下室框架柱</td></tr>
<tr><td rowspan="3">中间层</td><td>无截面变化</td></tr>
<tr><td>变截面</td></tr>
<tr><td>变钢筋</td></tr>
<tr><td rowspan="2">顶层</td><td>边柱、角柱</td></tr>
<tr><td>中柱</td></tr>
<tr><td>箍筋</td><td colspan="2">箍筋</td></tr>
</table>

细节：基础内柱纵筋构造

基础内柱纵筋可分为四种情况，见表4-5。

表4-5　基础内柱纵筋

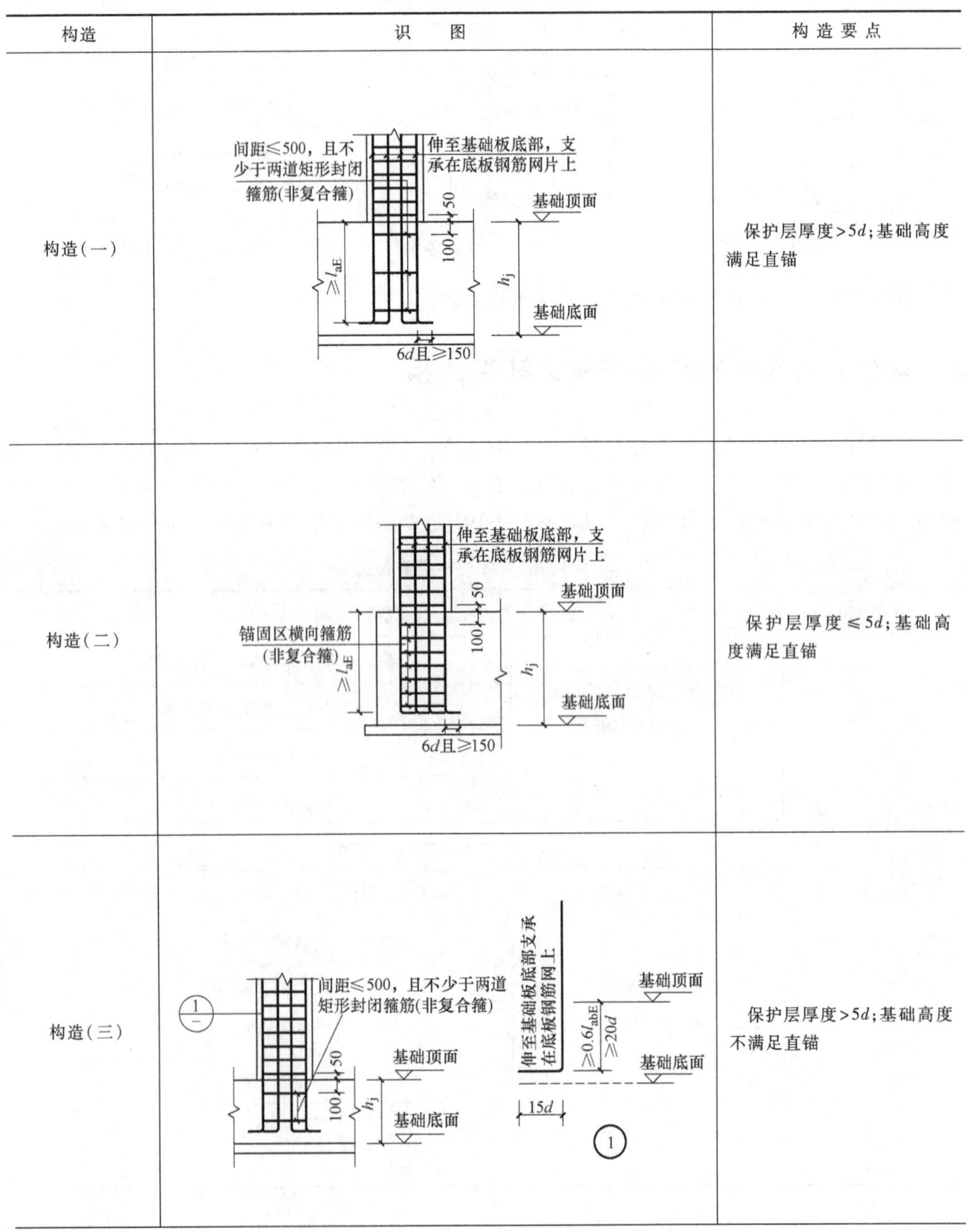

构造	识图	构造要点
构造(一)		保护层厚度>5d；基础高度满足直锚
构造(二)		保护层厚度≤5d；基础高度满足直锚
构造(三)		保护层厚度>5d；基础高度不满足直锚

（续）

构造	识 图	构造要点
构造（四）	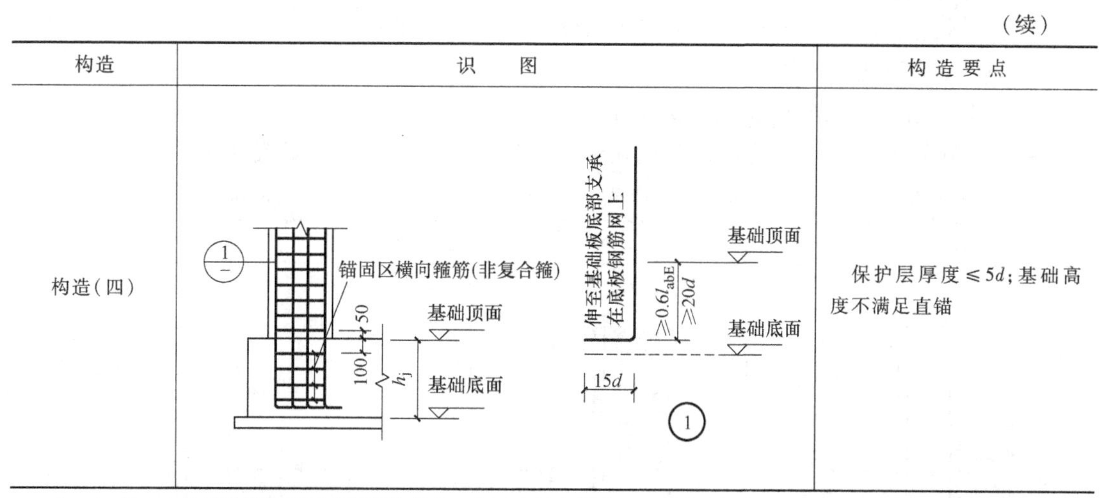	保护层厚度≤5d；基础高度不满足直锚

注：1. 图中 h_j 为基础底面至基础顶面的高度，柱下为基础梁时，h_j 为基础梁底面至顶面的高度。当柱两侧基础梁标高不同时取较低标高。

2. 锚固区横向箍筋应满足直径≥d/4（d 为纵筋最大直径），间距≤5d（d 为纵筋最小直径）且≤100mm的要求。

3. 当柱纵筋在基础中保护层厚度不一致（如纵筋部分位于梁内，部分位于板内），保护层厚度不大于5d的部分应设置锚固区横向钢筋。

4. 当符合下列条件之一时，可仅将柱四角纵筋伸至底板钢筋网片上或者筏形基础中间层钢筋网片上（伸至钢筋网片上的柱纵筋间距不应大于1000mm），其余纵筋锚固在基础顶面下 l_{aE} 即可。

1）柱为轴心受压或小偏心受压，基础高度或基础顶面至中间层钢筋网片顶面距离不小于1200mm。

2）柱为大偏心受压，基础高度或基础顶面至中间层钢筋网片顶面距离不小于1400mm。

5. 图中 d 为柱纵筋直径。

细节：地下室框架柱钢筋构造

1. 认识地下室框架柱

（1）地下室框架柱

地下室框架柱是指地下室内的框架柱，它和楼层中的框架柱在钢筋构造上有所不同，因此单列出来进行讲解，地下室框架柱示意图如图4-9所示。

（2）基础结构和上部结构的划分位置

“基础顶嵌固部位”是指基础结构和上部结构的划分位置，如图4-10所示。

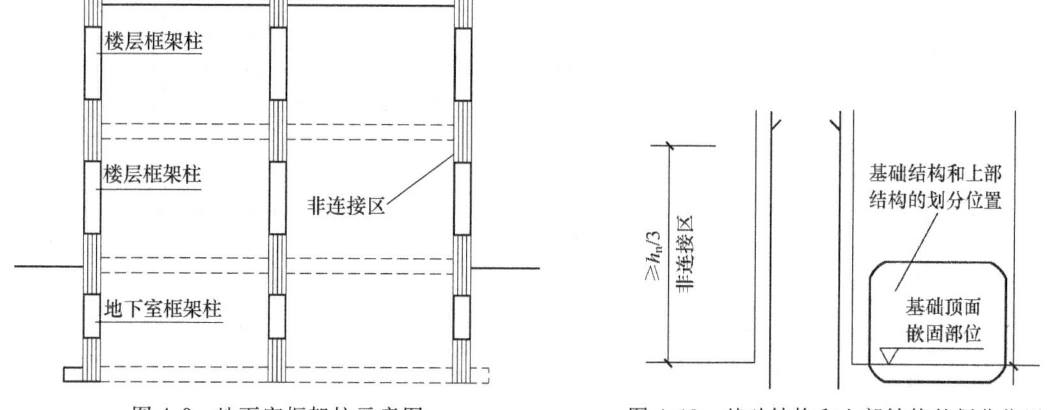

图4-9 地下室框架柱示意图　　图4-10 基础结构和上部结构的划分位置

有地下室时，基础结构和上部结构的划分位置由设计注明。

2. 地下室框架柱钢筋构造

（1）上部结构嵌固部位在地下室顶面

地下室框架柱（上部结构嵌固部位在地下室顶面）钢筋构造，见表4-6。

表4-6　地下室框架柱（上部结构嵌固部位位于基础顶面以上）钢筋构造

绑扎搭接	机械连接	焊接连接

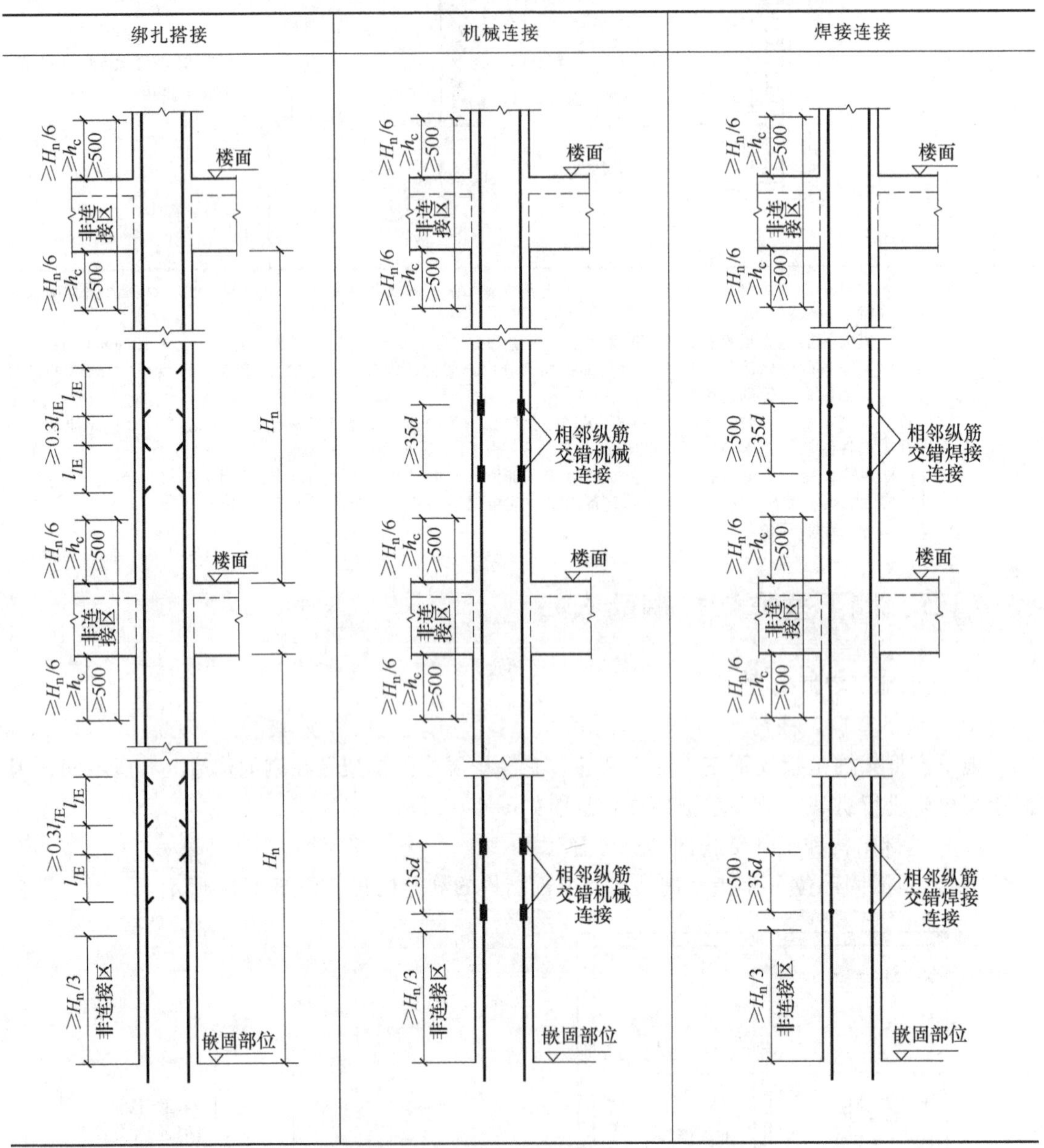

注：1. 上部结构的嵌固位置，即基础结构和上部结构的划分位置，在地下室顶面。

2. 上部结构嵌固位置，柱纵筋非连接区高度为 $H_n/3$。

3. 地下室各层纵筋非连接区高度为 max（$H_n/6$，h_c，500mm）。

4. 地下室顶面非连接区高度为 $H_n/3$。

（2）上部结构嵌固部位在地下一层或基础顶面

地下室框架柱（上部结构嵌固部位在地下一层或基础顶面）钢筋构造，见表4-7。

表 4-7 地下室框架柱（上部结构嵌固部位在地下一层或基础顶面）钢筋构造

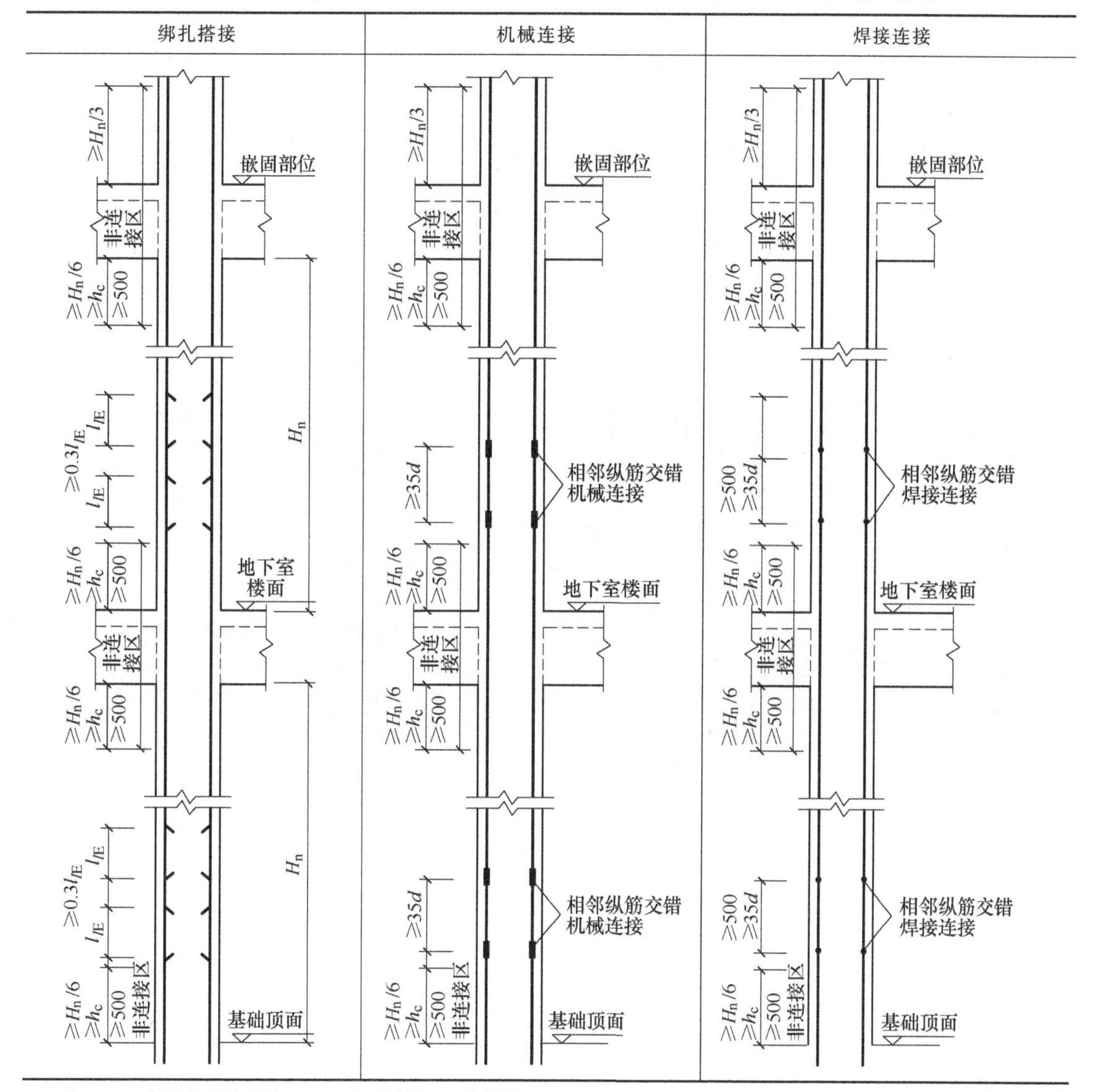

注：1. 上部结构的嵌固位置，即基础结构和上部结构的划分位置，基础顶面。

2. 上部结构嵌固位置，柱纵筋非连接区高度为 $H_n/3$。

3. 地下室各层纵筋非连接区高度为 max（$H_n/6$，h_c，500mm）。

4. 地下室顶面非连接区高度为 $H_n/3$。

细节：中间层柱钢筋构造

1. 楼层中框架柱纵筋基本构造

钢筋构造要点：

高位钢筋长度=本层层高-本层下端非连接区高度-错开接头高度+伸入上层非连接区高度+错开接头高度

低位钢筋长度=本层层高-本层下端非连接区高度+伸入上层的非连接区高度

非连接区高度取值：

基础顶面嵌固部位：$H_n/3$

楼层中：max（$H_n/6$，h_c，500mm）

2. 框架柱中间层变截面钢筋构造

框架柱中间层变截面钢筋构造可分为五种情况，见表 4-8。

表 4-8 框架柱中间层变截面钢筋构造

情况	识 图	构造要点
$\Delta/h_b>1/6$	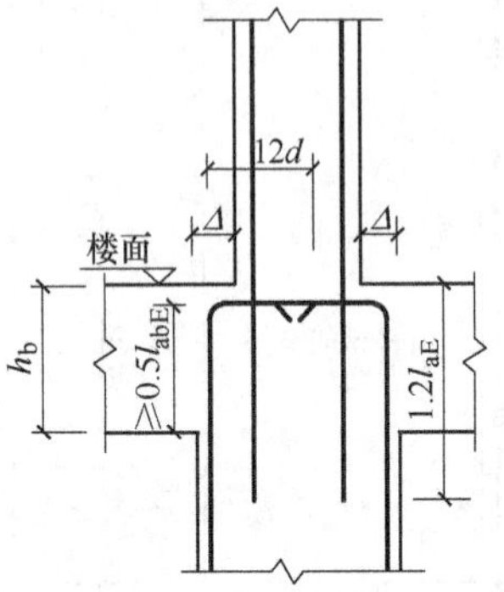 楼面 Δ 12d h_b $\geqslant0.5l_{abE}$ $1.2l_{aE}$	1）下层柱纵筋断开收头，上层柱纵筋伸入下层 2）下层柱纵筋伸至该层顶+12d 3）上层柱纵筋伸入下层 1.2l_{aE}
$\Delta/h_b\leqslant1/6$	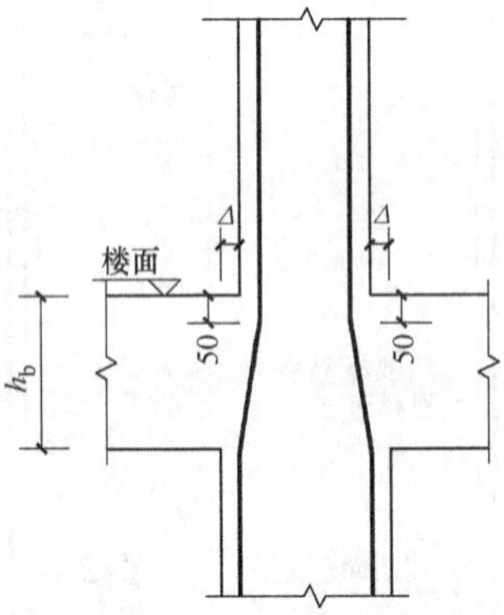 楼面 Δ 50 h_b	下层柱纵筋斜弯连续伸入上层，不断开
$\Delta/h_b>1/6$	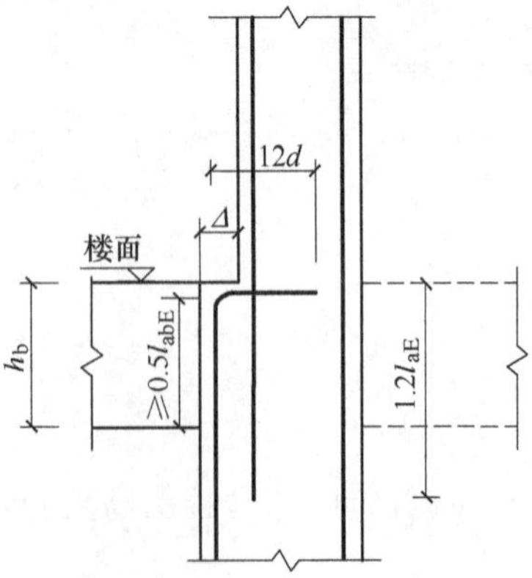 楼面 Δ 12d h_b $\geqslant0.5l_{abE}$ $1.2l_{aE}$	1）下层柱纵筋断开收头，上层柱纵筋伸入下层 2）下层柱纵筋伸至该层顶+12d 3）上层柱纵筋伸入下层 1.2l_{aE}

（续）

情况	识　图	构造要点
$\Delta/h_b \leqslant 1/6$	楼面 Δ 50 h_b	下层柱纵筋斜弯连续伸入上层，不断开
外侧错台	Δ l_{aE} 楼面 $1.2l_{aE}$ h_b	1）下层柱纵筋断开收头，上层柱纵筋伸入下层 2）下层柱纵筋伸至该层顶+l_{aE} 3）上层柱纵筋伸入下层 $1.2l_{aE}$

3. 上、下柱钢筋根数不同时（上柱钢筋比下柱钢筋根数多）**钢筋构造**

上柱钢筋比下柱钢筋根数多时，钢筋构造如图 4-11 所示。

上层柱比下层柱钢筋根数多时，钢筋构造要点：

上层柱多出的钢筋伸入下层 $1.2l_{aE}$（注意起算位置）。

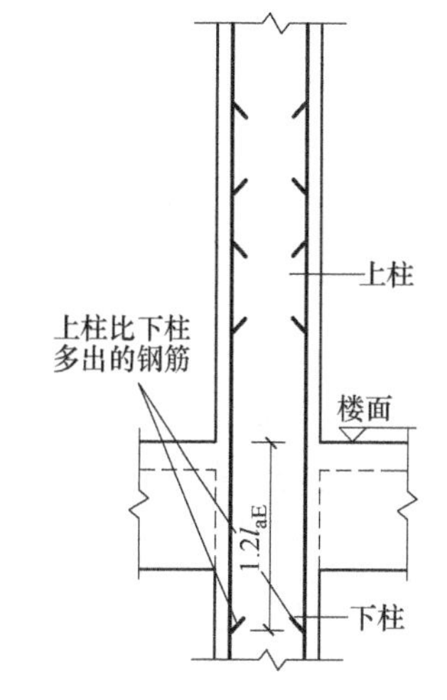

图 4-11　上层柱比下层柱钢筋根数多的钢筋构造

4. 上、下柱钢筋根数不同时（下柱钢筋比上柱钢筋根数多）**钢筋构造**

下柱钢筋比上柱钢筋根数多时，钢筋构造如图 4-12 所示。

下柱钢筋比上柱钢筋根数多时，钢筋构造要点：

下层柱多出的钢筋伸入上层 $1.2l_{aE}$（注意起算位置）。

5. 上、下柱钢筋直径不同时（上柱钢筋比下柱钢筋直径大）**钢筋构造**

上柱钢筋比下柱钢筋直径大时，钢筋构造如图 4-13 所示。

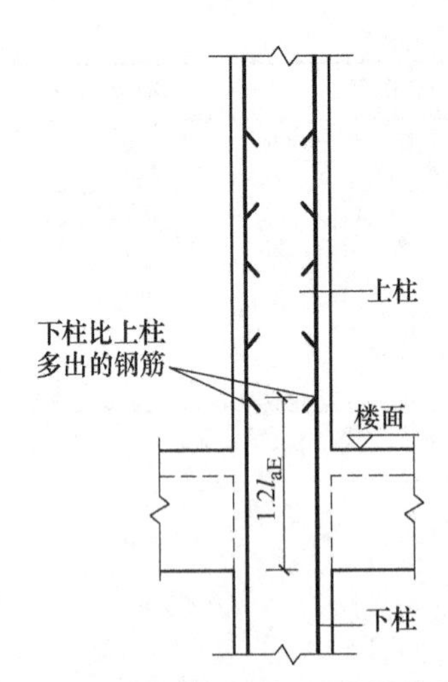

图 4-12　下柱钢筋比上柱钢筋根数多的钢筋构造

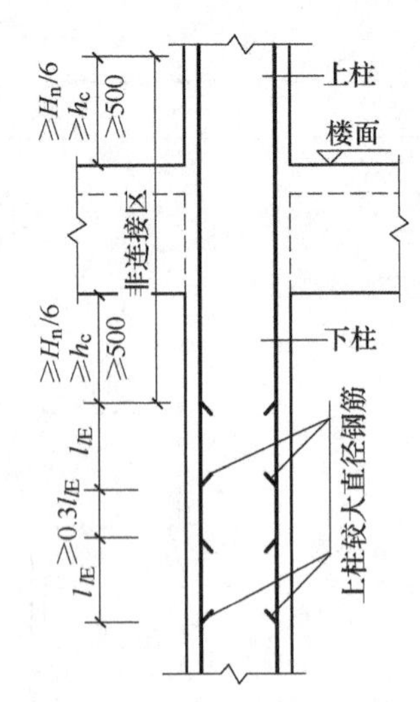

图 4-13　上柱钢筋比下柱钢筋直径大的钢筋构造

上柱钢筋比下柱钢筋直径大时，钢筋构造要点：

上层较大直径钢筋伸入下层的上端非连接区与下层较小直径的钢筋连接。

6. 上、下柱钢筋直径不同时（下柱钢筋比上柱钢筋直径大）**钢筋构造**

下柱钢筋比上柱钢筋直径大时，钢筋构造如图 4-14 所示。

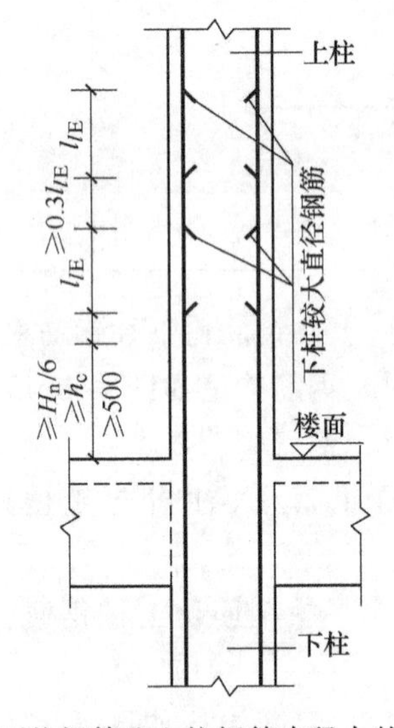

图 4-14　下柱钢筋比上柱钢筋直径大的钢筋构造

下柱钢筋比上柱钢筋直径大时，钢筋构造要点：

下层较大直径钢筋伸入上层的上端非连接区与上层较小直径的钢筋连接。

细节：顶层柱钢筋构造

1. 顶层边柱、角柱与中柱

根据柱的平面位置，把柱分为边柱、中柱与角柱，其钢筋伸到顶层梁板的方式和长度不同，如图 4-15 所示。

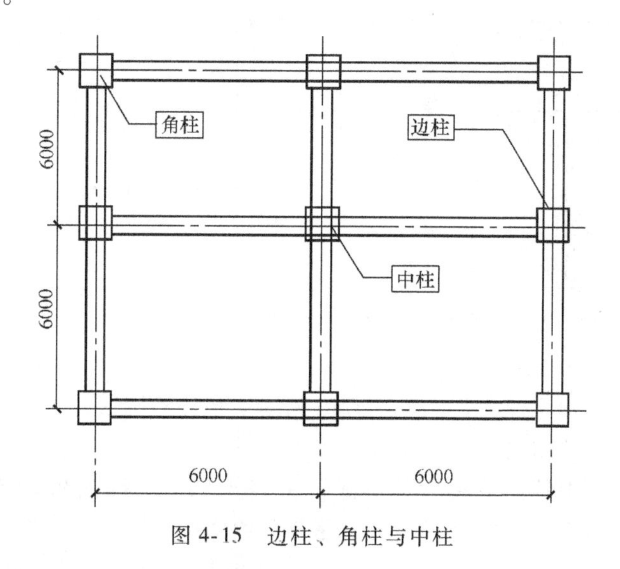

图 4-15 边柱、角柱与中柱

2. 顶层中柱钢筋构造

顶层中柱钢筋构造可分为四种情况，见表 4-9。

表 4-9 顶层中柱钢筋构造

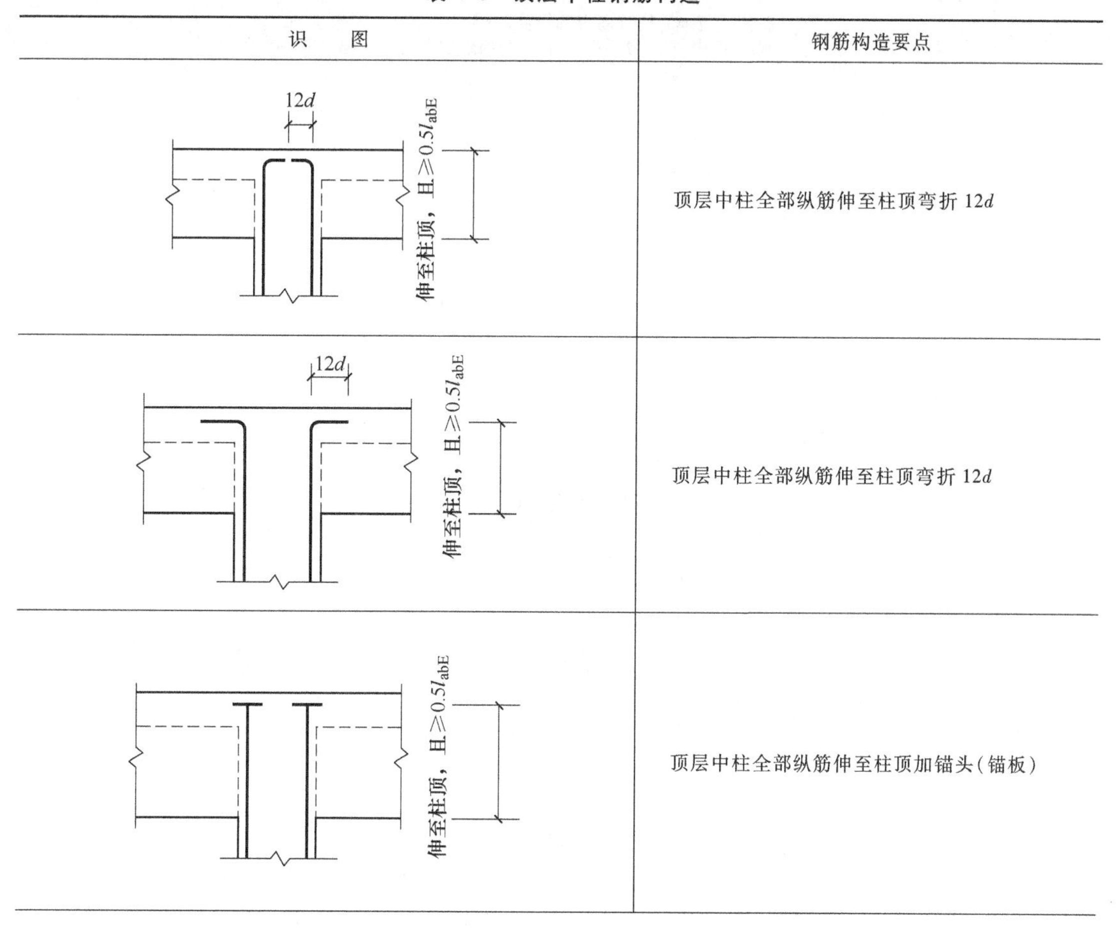

识 图	钢筋构造要点
12d；伸至柱顶，且≥$0.5l_{abE}$	顶层中柱全部纵筋伸至柱顶弯折 12d
12d；伸至柱顶，且≥$0.5l_{abE}$	顶层中柱全部纵筋伸至柱顶弯折 12d
伸至柱顶，且≥$0.5l_{abE}$	顶层中柱全部纵筋伸至柱顶加锚头(锚板)

（续）

识　　图	钢筋构造要点
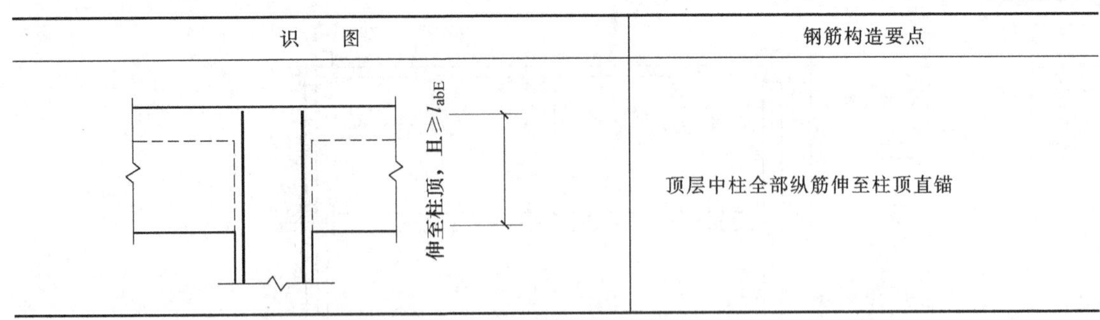 	顶层中柱全部纵筋伸至柱顶直锚

3. 顶层边柱、角柱钢筋构造

顶层边柱和角柱的钢筋构造，先要区分内侧钢筋和外侧钢筋，区别的依据是角柱有两条外侧边，边柱只有一条外侧边。

顶层边柱、角柱的钢筋构造有五种形式，见表 4-10。进行钢筋算量时，形式选用根据实际施工图确定，选用后注意屋面框架梁钢筋要与之匹配。

表 4-10　顶层角柱钢筋构造形式

构造情况	识　　图	钢筋构造要点
1	300 300 在柱宽范围的柱箍筋内侧设置间距≤150，且不少于3根直径不小于10的角部附加钢筋 钢筋直径不小于10 柱外侧纵向钢筋直径不小于梁上部钢筋时，可弯入梁内作梁上部纵向钢筋 柱内侧纵筋同中柱柱顶纵向钢筋构造	柱筋作为梁上部钢筋使用
2	柱外侧纵向钢筋配筋率>1.2%时分两批截断 ≥1.5l_{abE} ≥20d ≥15d 梁底 梁上部纵筋 柱内侧纵筋同中柱柱顶纵向钢筋构造	从梁底算起 1.5l_{abE} 超过柱内侧边缘

（续）

构造情况	识　图	钢筋构造要点
3	柱外侧纵向钢筋配筋率 >1.2% 时分两批截断 $1.5l_{abE}$ ≥20d ≥15d ≥15d 梁底 梁上部纵筋 柱内侧纵筋同中柱柱顶纵向钢筋构造	从梁底算起 $1.5l_{abE}$ 未超过柱内侧边缘
4	柱顶第一层钢筋伸至柱内边向下弯折 8d 柱顶第二层钢筋伸至柱内边 8d 柱内侧纵筋同中柱柱顶纵向钢筋构造	当现浇板厚度不小于 100mm 时，可按 2 中方式伸入板内锚固，且伸入板内长度不宜小于 15d
5	梁上部纵筋 ≥$1.7l_{abE}$ 且伸至梁底 ≥20d 柱内侧纵筋同中柱柱顶纵向钢筋构造 梁上部纵向钢筋配筋率>1.2% 时，应分两批截断。当梁上部纵向钢筋为两排时，先断第二排钢筋	梁、柱纵向钢筋搭接接头沿节点外侧直线布置

细节：框架柱箍筋构造

KZ、QZ、LZ 箍筋加密区范围及 QZ、LZ 纵向钢筋构造见表 4-11。

表 4-11　KZ、QZ、LZ 箍筋加密区范围及 QZ、LZ 纵向钢筋构造

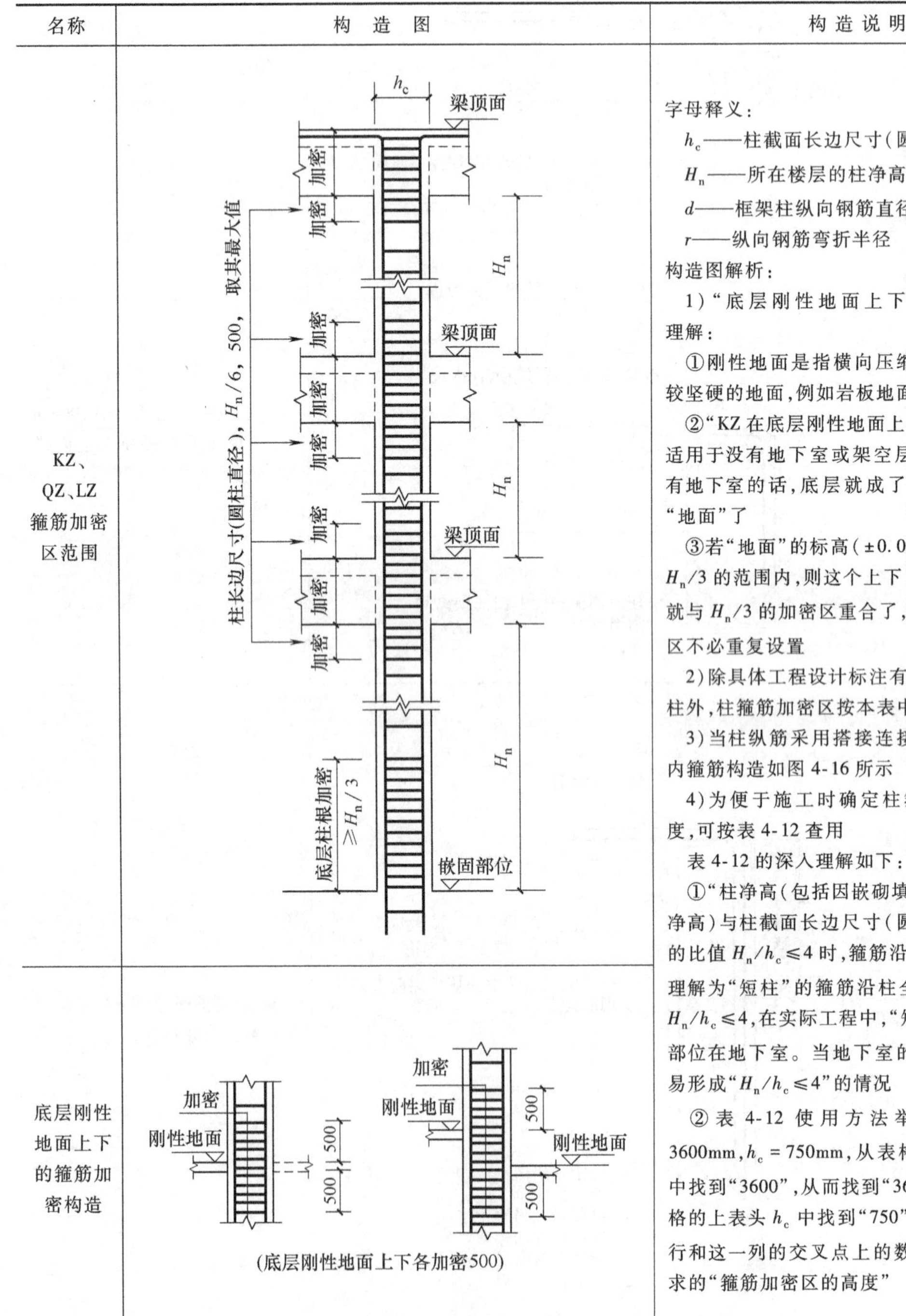

名称	构 造 图	构 造 说 明
KZ、QZ、LZ 箍筋加密区范围		字母释义： h_c——柱截面长边尺寸(圆柱为直径) H_n——所在楼层的柱净高 d——框架柱纵向钢筋直径 r——纵向钢筋弯折半径 构造图解析： 1)“底层刚性地面上下各加密 500”的理解： ①刚性地面是指横向压缩变形小、竖向比较坚硬的地面，例如岩板地面 ②“KZ 在底层刚性地面上下各加密 500”只适用于没有地下室或架空层的建筑，因为若有地下室的话，底层就成了“楼面”，而不是“地面”了 ③若“地面”的标高(±0.00)落在基础顶面 $H_n/3$ 的范围内，则这个上下 500mm 的加密区就与 $H_n/3$ 的加密区重合了，这两种箍筋加密区不必重复设置 2)除具体工程设计标注有箍筋全高加密的柱外，柱箍筋加密区按本表中图所示 3)当柱纵筋采用搭接连接时，搭接区范围内箍筋构造如图 4-16 所示 4)为便于施工时确定柱箍筋加密区的高度，可按表 4-12 查用 表 4-12 的深入理解如下： ①“柱净高(包括因嵌砌填充墙等形成的柱净高)与柱截面长边尺寸(圆柱为截面直径)的比值 $H_n/h_c \leqslant 4$ 时，箍筋沿柱全高加密。”可理解为“短柱”的箍筋沿柱全高加密，条件为 $H_n/h_c \leqslant 4$，在实际工程中，“短柱”出现较多的部位在地下室。当地下室的层高较小时，容易形成“$H_n/h_c \leqslant 4$”的情况 ②表 4-12 使用方法举例：已知 H_n = 3600mm，h_c = 750mm，从表格的左列表头 H_n 中找到“3600”，从而找到“3600”这一行；从表格的上表头 h_c 中找到“750”这一列。则这一行和这一列的交叉点上的数值“750”就是所求的“箍筋加密区的高度”
底层刚性地面上下的箍筋加密构造	(底层刚性地面上下各加密500)	

（续）

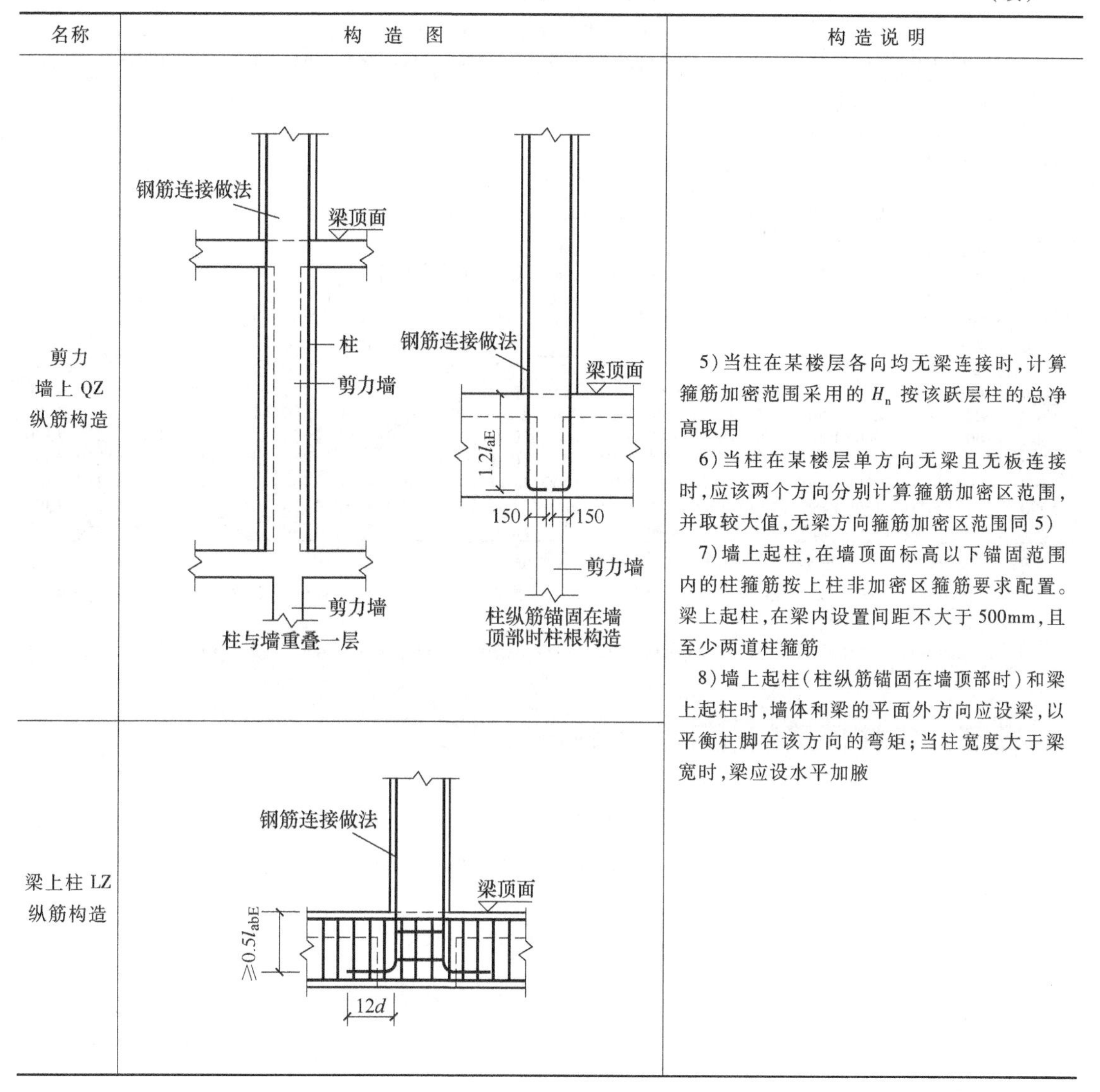

名称	构 造 图	构 造 说 明
剪力墙上QZ纵筋构造		5）当柱在某楼层各向均无梁连接时，计算箍筋加密范围采用的 H_n 按该跃层柱的总净高取用 6）当柱在某楼层单方向无梁且无板连接时，应该两个方向分别计算箍筋加密区范围，并取较大值，无梁方向箍筋加密区范围同5） 7）墙上起柱，在墙顶面标高以下锚固范围内的柱箍筋按上柱非加密区箍筋要求配置。梁上起柱，在梁内设置间距不大于500mm，且至少两道柱箍筋 8）墙上起柱（柱纵筋锚固在墙顶部时）和梁上起柱时，墙体和梁的平面外方向应设梁，以平衡柱脚在该方向的弯矩；当柱宽度大于梁宽时，梁应设水平加腋
梁上柱LZ纵筋构造		

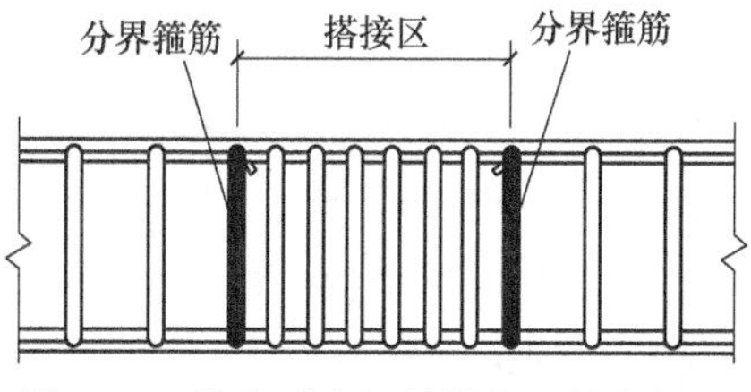

图4-16 纵向受力钢筋搭接区箍筋构造

说明：1. 图4-16用于梁、柱类构件搭接区箍筋设置。

2. 搭接区内箍筋直径不小于 $d/4$（d 为搭接钢筋最大直径），间距不应大于100mm及 $5d$（d 为搭接钢筋最小直径）。

3. 当受压钢筋直径大于25mm时，尚应在搭接接头两个端面外100mm的范围内各设置两道箍筋。

表 4-12　抗震框架和小墙肢箍筋加密区高度选用表　　（单位：mm）

柱净高	柱截面长边尺寸 h_c 或圆柱直径 D																		
H_n/mm	400	450	500	550	600	650	700	750	800	850	900	950	1000	1050	1100	1150	1200	1250	1300
1500																			
1800	500																		
2100	500	500	500																
2400	500	500	500	550								箍筋全高加密							
2700	500	500	500	550	600	650													
3000	500	500	500	550	600	650	700												
3300	550	550	550	550	600	650	700	750	800										
3600	600	600	600	600	600	650	700	750	800	850									
3900	650	650	650	650	650	650	700	750	800	850	900	950							
4200	700	700	700	700	700	700	700	750	800	850	900	950	1000						
4500	750	750	750	750	750	750	750	750	800	850	900	950	1000	1050	1100				
4800	800	800	800	800	800	800	800	800	800	850	900	950	1000	1050	1100	1150			
5100	850	850	850	850	850	850	850	850	850	850	900	950	1000	1050	1100	1150	1200	1250	
5400	900	900	900	900	900	900	900	900	900	900	900	950	1000	1050	1100	1150	1200	1250	1300
5700	950	950	950	950	950	950	950	950	950	950	950	950	1000	1050	1100	1150	1200	1250	1300
6000	1000	1000	1000	1000	1000	1000	1000	1000	1000	1000	1000	1000	1000	1050	1100	1150	1200	1250	1300
6300	1050	1050	1050	1050	1050	1050	1050	1050	1050	1050	1050	1050	1050	1050	1100	1150	1200	1250	1300
6600	1100	1100	1100	1100	1100	1100	1100	1100	1100	1100	1100	1100	1100	1100	1100	1150	1200	1250	1300
6900	1150	1150	1150	1150	1150	1150	1150	1150	1150	1150	1150	1150	1150	1150	1150	1150	1200	1250	1300
7200	1200	1200	1200	1200	1200	1200	1200	1200	1200	1200	1200	1200	1200	1200	1200	1200	1200	1250	1300

注：1. 表内数值未包括框架嵌固部位柱根部箍筋加密区范围。

2. 柱净高（包括因嵌砌填充墙等形成的柱净高）与柱截面长边尺寸（圆柱为截面直径）的比值 $H_n/h_c \leqslant 4$ 时，箍筋沿柱全高加密。

3. 小墙肢即墙肢长度不大于墙厚 4 倍的剪力墙。矩形小墙肢的厚度不大于 300 时，箍筋全高加密。

细节：中柱顶筋的加工、下料尺寸计算

各种柱的顶筋，都弯成直角（弯曲半径见表 3-8），分有水平部分和竖直部分。而且，除了尺寸计算以外，顶筋的摆放，从立体图中也可以得到启示。

1. 中柱顶筋的类别和数量

表 4-13 给出了中柱顶筋类别及其数量表，具体摆放如图 4-17 所示。

表 4-13　中柱顶筋类别及其数量表

	长角部向梁筋	短角部向梁筋	长中部向梁筋	短中部向梁筋
i 为偶数，j 为偶数	2	2	$i+j-4$	$i+j-4$
i 为奇数，j 为偶数				
i 为偶数，j 为奇数				
i 为奇数，j 为奇数	4	0	$i+j-6$	$i+j-2$

$$柱截面中的钢筋数 = 2\times(i+j)-4$$

上式适用于中柱、边柱和角柱中的钢筋数量计算。

【例 4-1】

已知中柱截面中钢筋分布为：$i=6$；$j=6$。

求中柱截面中钢筋根数及长角部向梁筋、短角部向梁筋、长中部向梁筋和短中部向梁筋各为多少？

解：

1）中柱截面中钢筋根数 $= 2\times(i+j)-4 = 2\times(6+6)-4 = 20$

2）长角部向梁筋 = 2

3）短角部向梁筋 = 2

4）长中部向梁筋 = i+j−4 = 8

5）短中部向梁筋 = i+j−4 = 8

验算：

长角部向梁筋+短角部向梁筋+长中部向梁筋+短中部向梁筋 = 2+2+8+8 = 20

正确无误。

2. 中柱顶筋计算

从中柱的两个剖面方向看，都是向梁筋。现在把向梁筋的计算公式列在下面。在图4-18的算式中，有“max{　}”符号，意思是从{　}内选出它们中的最大值。

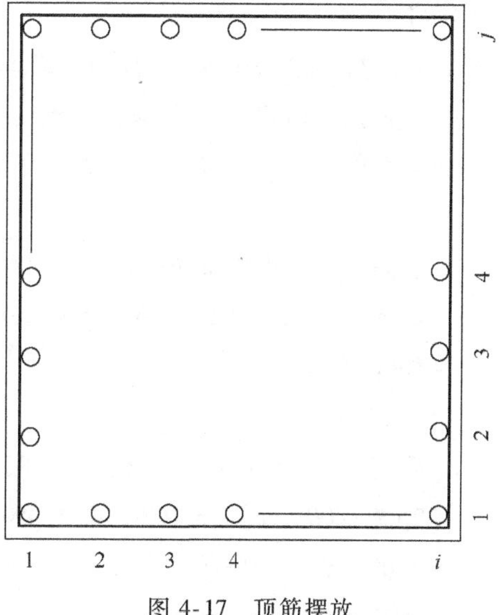

图 4-17　顶筋摆放

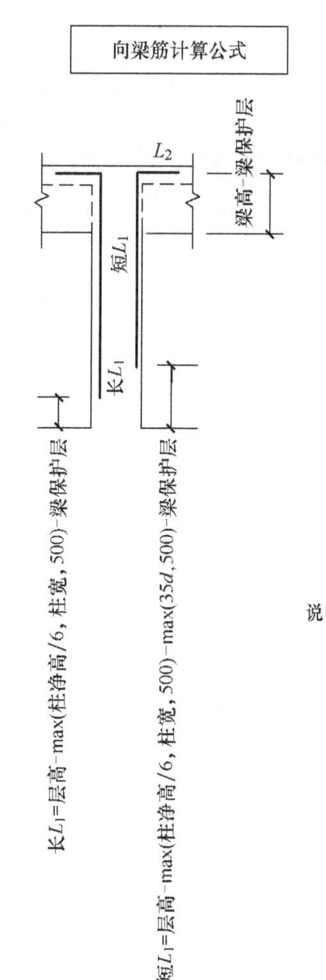

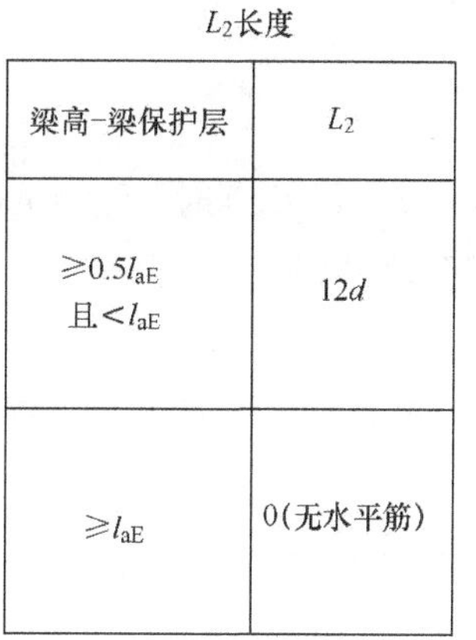

L_2长度

梁高-梁保护层	L_2
≥0.5l_{aE} 且<l_{aE}	12d
≥l_{aE}	0(无水平筋)

说明：1. 公式用于中柱和边柱。
　　　2. 钢筋用于焊接连接。

图 4-18　向梁筋计算

【例 4-2】

已知：三级抗震楼层中柱，钢筋 d=22mm，混凝土为 C30；梁高 800mm，梁混凝土保护层为 20mm；柱净高 2500mm，柱宽 450mm。

求：向梁筋的长 L_1、短 L_1 和 L_2 的加工、下料尺寸。

解：

长 L_1 = 层高 − max{柱净高/6，柱宽，500} − 梁保护层

= 2500+800−max{2500/6，450，500} −20

= 3300−500−20

= 2780mm

短 L_1 = 层高 − max{柱净高/6，柱宽，500} − max{35d，500} − 梁保护层

= 2500+800−max{2500/6，450，500} −max{770，500} −20

= 3300−500−770−20

= 2010mm

梁高−梁保护层

= 800−20

= 780mm

三级抗震，d=22mm，C30 时，$l_{aE}=30d=660$mm

∵ （梁高−梁保护层）≥ l_{aE}

∴ $L_2=0$

因此，长 L_1、短 L_1 的下料长度分别等于自身。

细节：边柱顶筋的加工、下料尺寸计算

1. 边柱顶筋的类别和数量

表 4-14 给出了边柱截面边各种加工类型钢筋的计算。

【例 4-3】

已知边柱截面中钢筋分布为：$i=4$；$j=7$。

求边柱截面中钢筋根数及长角部向梁筋、短角部向梁筋、长中部向梁筋、短中部向梁筋、长中部远梁筋、短中部远梁筋、长中部向边筋和短中部向边筋各为多少？

解：

1）边柱截面中钢筋根数 = $2\times(i+j)-4=2\times(4+7)-4=18$

2）长角部向梁筋 = 2

3）短角部向梁筋 = 2

4）长中部向梁筋 = $j-2=5$

5）短中部向梁筋 = $j-2=5$

6）长中部远梁筋 = $(i-2)/2=(4-2)/2=1$

7）短中部远梁筋 = $(i-2)/2=(4-2)/2=1$

8）长中部向边筋 = $(i-2)/2=(4-2)/2=1$

9）短中部向边筋 = $(i-2)/2=(4-2)/2=1$

表 4-14 边柱顶筋类别及其数量表

	长角部向梁筋	短角部向梁筋	长中部向梁筋	短中部向梁筋	长中部远梁筋	短中部远梁筋	长中部向边筋	短中部向边筋
i 为偶数 j 为偶数	2	2	$j-2$	$j-2$	$(i-2)/2$	$(i-2)/2$	$(i-2)/2$	$(i-2)/2$
i 为奇数 j 为偶数	2	2	$j-2$	$j-2$	$(i-3)/2$	$(i-1)/2$	$(i-1)/2$	$(i-3)/2$
i 为偶数 j 为奇数	2	2	$j-2$	$j-2$	$(i-2)/2$	$(i-2)/2$	$(i-2)/2$	$(i-2)/2$
i 为奇数 j 为奇数	4	0	$j-3$	$j-1$	$(i-3)/2$	$(i-1)/2$	$(i-3)/2$	$(i-1)/2$

验算：

长角部向梁筋+短角部向梁筋+长中部向梁筋+短中部向梁筋+长中部远梁筋+短中部远梁筋+长中部向边梁+短中部向边筋

$=2+2+5+5+1+1+1+1$

$=18$

正确无误。

2. 边柱顶筋计算

边柱顶筋有向梁筋、远梁筋和向边筋。各筋均有长、短之分，故边柱顶筋共有六种加工尺寸。

向梁筋的计算方法和中柱里的向梁筋是一样的。另外，远梁筋的 L_1 与向梁筋的 L_1 也是一样的。向边筋的 L_2 比远梁筋的 L_2 低一排（即低 $d+30$），因此，向边筋的 L_2 要短 $d+30$。如图 4-19 所示。

由图 4-19 中还可看到远梁筋与向边筋是相向弯折的。图 4-20 为边柱远梁筋示意图及计算公式，图 4-21 为边柱中的向边筋示意图及其计算公式。再强调一下，钢筋类别数量，是指钢筋安放部位来说的。钢筋加工种类是按加工尺寸形状来区分的。比如说，边柱的钢筋类别数量是八个，即：长角部向梁筋、短角部向梁筋、长中部向梁筋、短中部向梁筋、长中部远梁筋、短中部远梁筋、长中部向边筋和短中部向边筋。如按加工尺寸形状来区分，即：长向梁筋、短向梁筋、长远梁筋、短远梁筋、长向边筋和短向边筋。也就是说，钢筋加工时，按这六种尺寸加工就行了。

远梁筋L_2
向边筋L_2
$\frac{d}{2}$
30
$\frac{d}{2}$
30+d

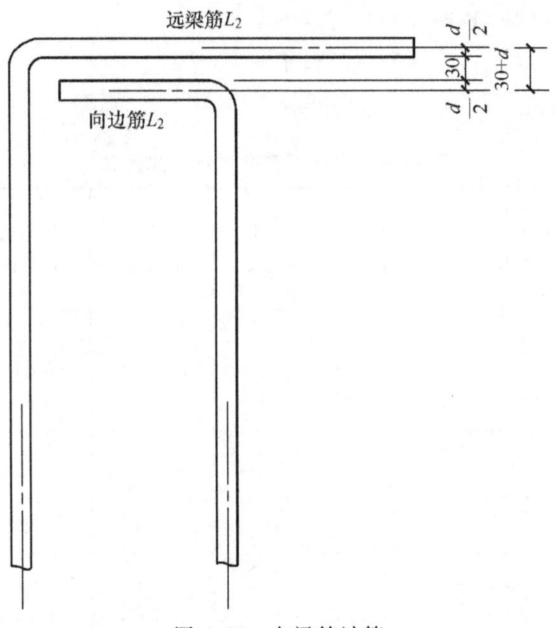

图 4-19　向梁筋计算

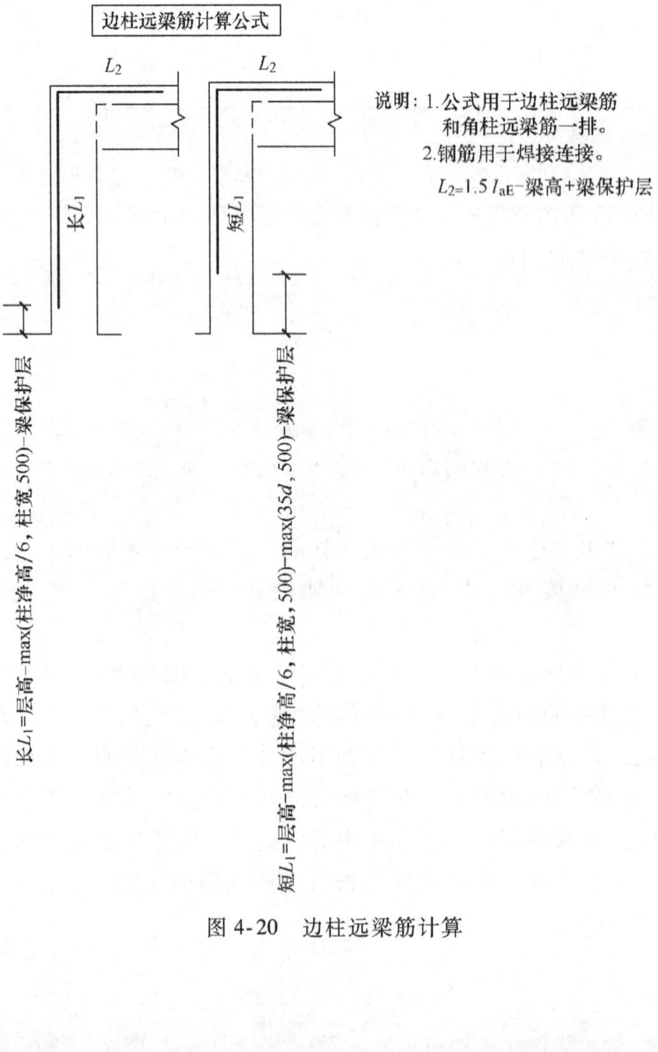

边柱远梁筋计算公式
L_2
L_2
长L_1
短L_1
说明：1.公式用于边柱远梁筋和角柱远梁筋一排。
2.钢筋用于焊接连接。
L_2=1.5 l_{aE}-梁高+梁保护层
长L_1=层高−max(柱净高/6，柱宽，500)−梁保护层
短L_1=层高−max(柱净高/6，柱宽，500)−max(35d，500)−梁保护层

图 4-20　边柱远梁筋计算

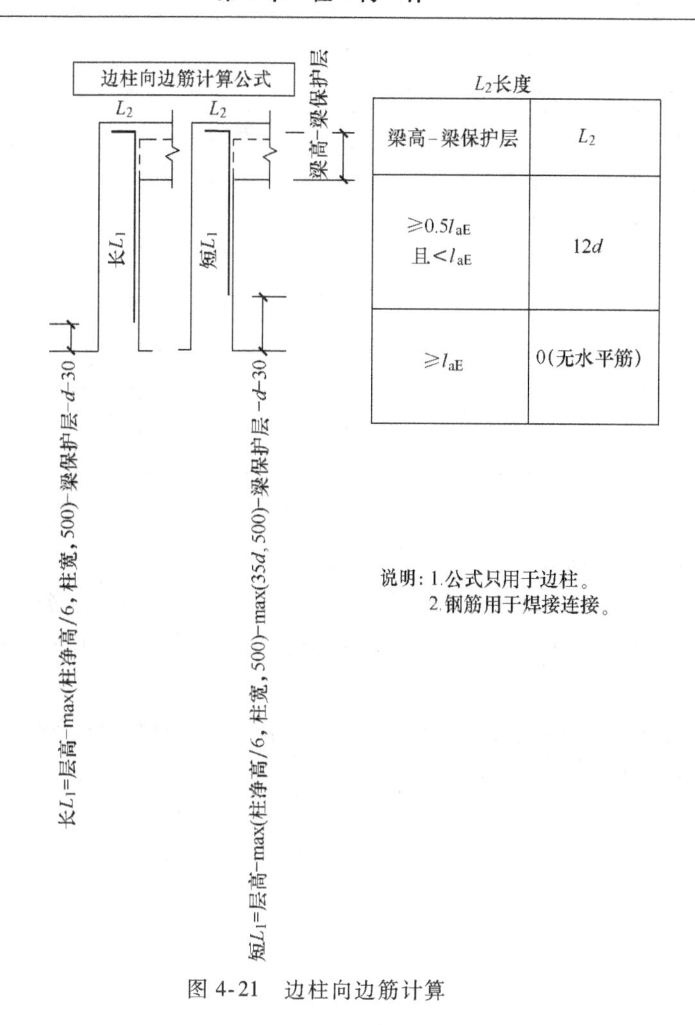

图 4-21　边柱向边筋计算

细节：角柱顶筋的加工、下料尺寸计算

1. 角柱顶筋的类别和数量

表 4-15 给出了角柱截面顶筋类别及其数量表。

表 4-15　角柱截面顶筋类别及其数量表

	长角部远梁筋(一排)	短角部远梁筋(一排)	长中部远梁筋(一排)	短中部远梁筋(一排)	长中部远梁筋(二排)	短中部远梁筋(二排)	长角部远梁筋(二排)	短角部远梁筋(二排)	长角部向边筋(三排)	短角部向边筋(三排)	长中部向边筋(三排)	短中部向边筋(三排)	长中部向边筋(四排)	短中部向边筋(四排)
i 为偶数 j 为偶数	1	1	$\frac{j}{2}-1$	$\frac{j}{2}-1$	$\frac{i}{2}-1$	$\frac{i}{2}-1$	0	1	1	0	$\frac{j}{2}-1$	$\frac{j}{2}-1$	$\frac{i}{2}-1$	$\frac{i}{2}-1$
i 为奇数 j 为偶数	2	0	$\frac{j}{2}-\frac{3}{2}$	$\frac{j}{2}-\frac{1}{2}$	$\frac{i}{2}-1$	$\frac{i}{2}-1$	0	1	0	1	$\frac{j}{2}-\frac{1}{2}$	$\frac{j}{2}-\frac{3}{2}$	$\frac{i}{2}-1$	$\frac{i}{2}-1$

（续）

	长角部远梁筋（一排）	短角部远梁筋（一排）	长中部远梁筋（一排）	短中部远梁筋（一排）	长中部远梁筋（二排）	短中部远梁筋（二排）	长角部远梁筋（二排）	短角部远梁筋（二排）	长角部向边筋（三排）	短角部向边筋（三排）	长中部向边筋（三排）	短中部向边筋（三排）	长中部向边筋（四排）	短中部向边筋（四排）
i 为偶数 j 为奇数	1	1	$\frac{j}{2}-1$	$\frac{j}{2}-1$	$\frac{i}{2}-\frac{3}{2}$	$\frac{i}{2}-\frac{1}{2}$	1	0	0	1	$\frac{j}{2}-1$	$\frac{j}{2}-1$	$\frac{i}{2}-\frac{1}{2}$	$\frac{i}{2}-\frac{3}{2}$
i 为奇数 j 为奇数	2	0	$\frac{j}{2}-\frac{3}{2}$	$\frac{j}{2}-\frac{1}{2}$	$\frac{i}{2}-\frac{3}{2}$	$\frac{i}{2}-\frac{1}{2}$	1	0	1	0	$\frac{j}{2}-\frac{3}{2}$	$\frac{j}{2}-\frac{1}{2}$	$\frac{i}{2}-\frac{3}{2}$	$\frac{i}{2}-\frac{1}{2}$

【例 4-4】

已知角柱截面中钢筋分布为：$i=6$；$j=6$。

求角柱截面中钢筋根数及长角部远梁筋（一排）、短角部远梁筋（一排）、长中部远梁筋（一排）、短中部远梁筋（一排）、长中部远梁筋（二排）、短中部远梁筋（二排）、长角部远梁筋（二排）、短角部远梁筋（二排）、长角部向边筋（三排）、短角部向边筋（三排）、长中部向边筋（三排）、短中部向边筋（三排）、长中部向边筋（四排）、短中部向边筋（四排）各为多少？

解：

1）角柱截面中钢筋根数 $=2\times(i+j)-4=2\times(6+6)-4=20$

2）长角部远梁筋（一排）$=1$

3）短角部远梁筋（一排）$=1$

4）长中部远梁筋（一排）$=j/2-1=2$

5）短中部远梁筋（一排）$=j/2-1=2$

6）长中部远梁筋（二排）$=i/2-1=2$

7）短中部远梁筋（二排）$=i/2-1=2$

8）长角部远梁筋（二排）$=0$

9）短角部远梁筋（二排）$=1$

10）长角部向边筋（三排）$=1$

11）短角部向边筋（三排）$=0$

12）长中部向边筋（三排）$=j/2-1=2$

13）短中部向边筋（三排）$=j/2-1=2$

14）长中部向边筋（四排）$=i/2-1=2$

15）短中部向边筋（四排）$=i/2-1=2$

验算：

长角部远梁筋（一排）+短角部远梁筋（一排）+长中部远梁筋（一排）+短中部远梁筋（一排）+长中部远梁筋（二排）+短中部远梁筋（二排）+长角部远梁筋（二排）+短角部远梁筋（二排）+长角部向边筋（三排）+短角部向边筋（三排）+长中部向边筋（三排）+短中部向边筋（三排）+长中部向边筋（四排）+短中部向边筋（四排）$=1+1+2+2+2+2+0+1+1+0+2+$

2+2+2=20

正确无误。

2. 角柱顶筋计算

角柱顶筋中没有向梁筋。角柱顶筋中的远梁筋一排，可以利用边柱远梁筋的公式来计算。

角柱顶筋中的弯筋，分为四层，因而，二排、三排、四排筋要分别缩短，如图4-22所示。

角柱顶筋中的远梁筋二排计算公式，如图4-23所示。

角柱顶筋中的向边筋三排、四排计算公式，如图4-24和图4-25所示。

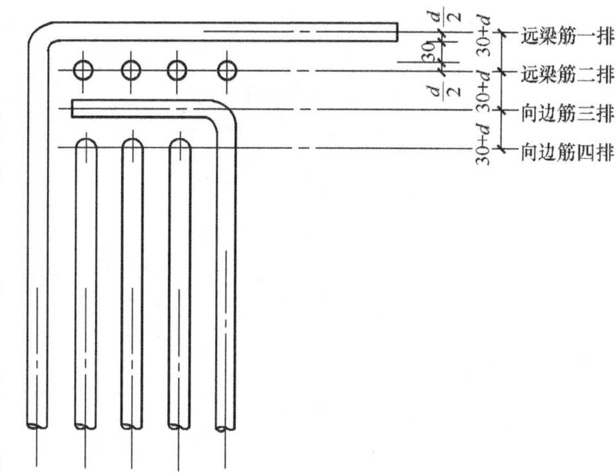

图4-22 角柱弯筋计算

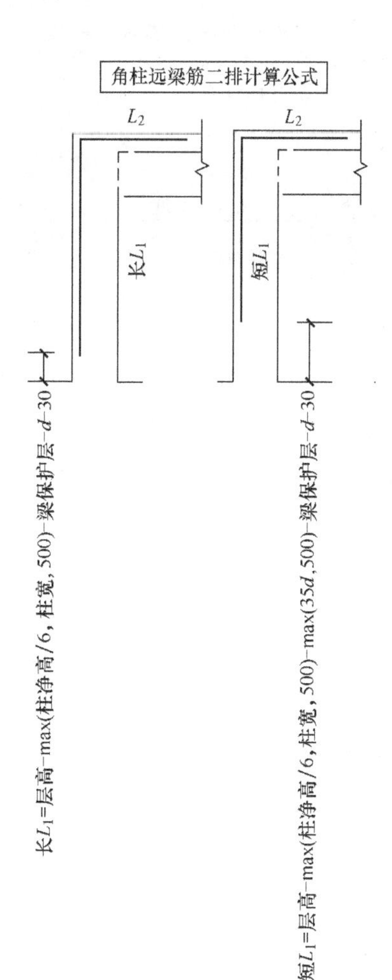

说明：钢筋用于焊接连接。
L_2=1.5l_{aE}-梁高+梁保护层

图4-23 角柱远梁筋二排计算

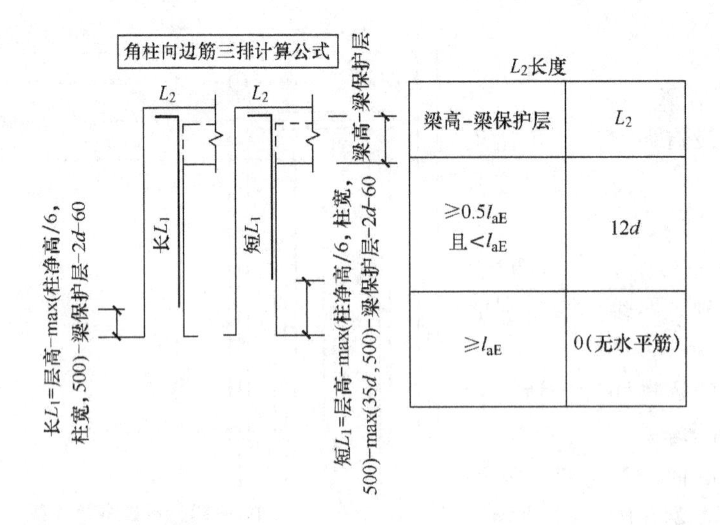

梁高-梁保护层	L_2
$\geqslant 0.5l_{aE}$ 且 $< l_{aE}$	$12d$
$\geqslant l_{aE}$	0(无水平筋)

说明：钢筋用于焊接连接。

图 4-24　角柱向边筋三排计算

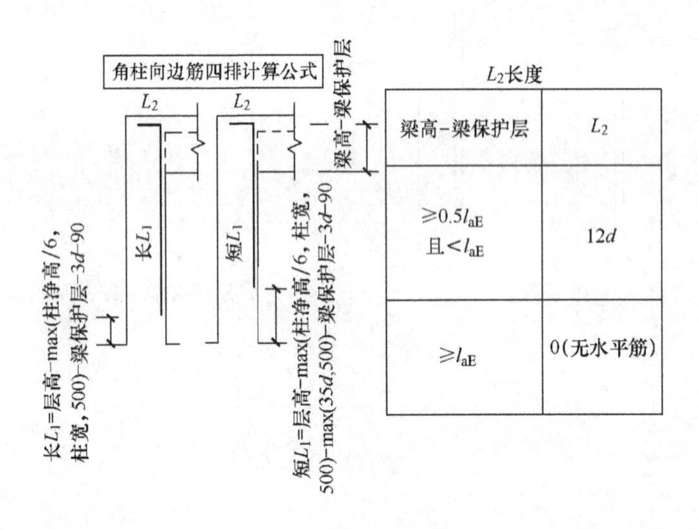

梁高-梁保护层	L_2
$\geqslant 0.5l_{aE}$ 且 $< l_{aE}$	$12d$
$\geqslant l_{aE}$	0(无水平筋)

说明：钢筋用于焊接连接。

图 4-25　角柱向边筋四排计算

第5章 板 构 件

细节：板的分类和钢筋配置的关系

首先总结一下常见的板钢筋配置的特点，以便于对比16G101-1图集所规定的平法楼板钢筋标注。板的配筋方式有两种，即弯起式配筋和分离式配筋，如图5-1所示。目前，一般的民用建筑都采用分离式配筋，16G101-1图集所讲述的也是分离式配筋，因此，在下面的内容中按分离式配筋进行讲述。有些工业厂房，尤其是具有振动荷载的楼板必须采用弯起式配筋，当遇到这样的工程时，应该按施工图所给出的钢筋构造详图进行施工。

说明：弯起式配筋是把板的下部主筋和上部的扣筋设计成一根钢筋，而分离式配筋就是分别设置板的下部主筋和上部的扣筋。

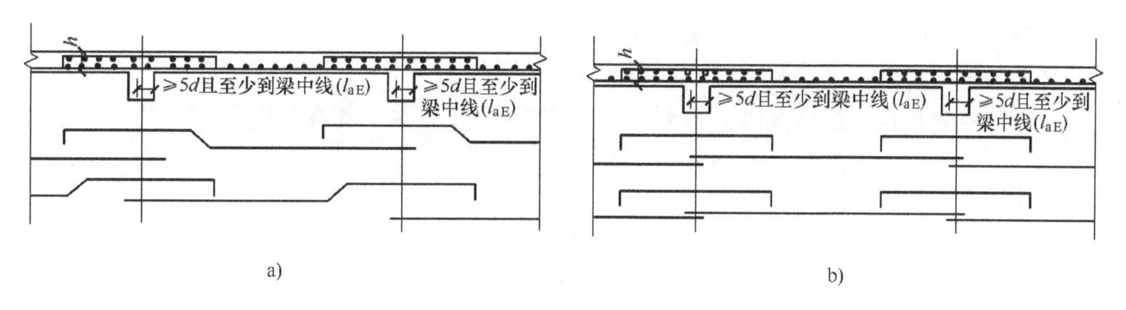

图5-1 板的配筋方式

a）弯起式配筋 b）分离式配筋

1. 板的种类

（1）按板的力学特征来划分

板有楼板和悬臂板之分。悬臂板是一面支承的板。阳台板、雨篷板、挑檐板等都是悬臂板。本书讨论的楼板是两面支承或四面支承的板，不管它是单跨的还是连续的，是刚接的还是铰接的。

（2）按施工方法来划分

板有预制板和现浇板之分。预制板又可分为平板、槽形板、空心板、大型屋面板等。现在的民用建筑已经大量采用现浇板，而很少采用预制板了。

（3）按配筋特点来划分

1）楼板的配筋有单向板和双向板两种。

单向板在一个方向上布置主筋，而在另一个方向上布置分布筋。

双向板在两个互相垂直的方向上都布置主筋，使用比较广泛。

此外，配筋的方式有单层布筋和双层布筋两种。

楼板的单层布筋就是在板的下部布置贯通纵筋，在板的周边布置扣筋（即非贯通纵筋）。

楼板的双层布筋就是在板的上部和下部都布置贯通纵筋。

2）悬挑板都是单向板，布筋方向与悬挑方向一致。

2. 不同种类板的钢筋配置

（1）楼板的上部钢筋

单层布筋：不设上部贯通纵筋，而设置上部非贯通纵筋（即扣筋）。

双层布筋：设置上部贯通纵筋。

对于上部贯通纵筋来说，同样存在单向布筋和双向布筋的区别。

对于上部非贯通纵筋（即扣筋）来说，需要布置分布筋。

（2）楼板的下部钢筋

单向板：在受力方向上布置贯通纵筋，另一个方向上布置分布筋。

双向板：在两个受力方向上都布置贯通纵筋。

在实际工程中，楼板一般都采用双向布筋。因为根据规范，当板的（长边长度/短边长度）≤2.0时，应按双向板计算；当2.0<（长边长度/短边长度）≤3.0时，宜按双向板计算。

（3）悬挑板纵筋

顺着悬挑方向设置上部纵筋。悬挑板又可分为两种：

1）纯悬挑板：悬挑板的上部纵筋单独布置。

2）延伸悬挑板：悬挑板的上部纵筋与相邻跨内的上部纵筋贯通布置。

细节：板块集中标注

16G101-1图集的集中标注以“板块”为单位。对于普通楼面，两向均以一跨为一块板。

板块集中标注的内容为：板块编号，板厚，上部贯通纵筋，下部纵筋，以及当板面标高不同时的标高高差。

1. 板块编号（表5-1）

表5-1 板块编号

板类型	代 号	序 号	例 子
楼面板	LB	××	LB2
屋面板	WB	××	WB2
悬挑板	XB	××	XB3

说明：同一编号板块的类型、板厚和纵筋均相同，但板面标高、平面形状、跨度以及板支座上部非贯通纵筋可以不同，如同一编号板块的平面形状可为矩形、多边形及其他形状。预算和施工时，应根据其实际平面形状，分别计算各块板的钢材与混凝土用量。例如，图5-2中的LB1就包括大小不同的矩形板，还包括一块“刀把形板”。在图5-2中，只在其中某一块板上进行了集中标注，就等于对其他相同编号的板进行了钢筋标注。我们的平法钢筋自动计算软件也是执行这个原则，只要在其中某一块板上进行标注，就能自动计算出所有相同编号楼板的纵筋。

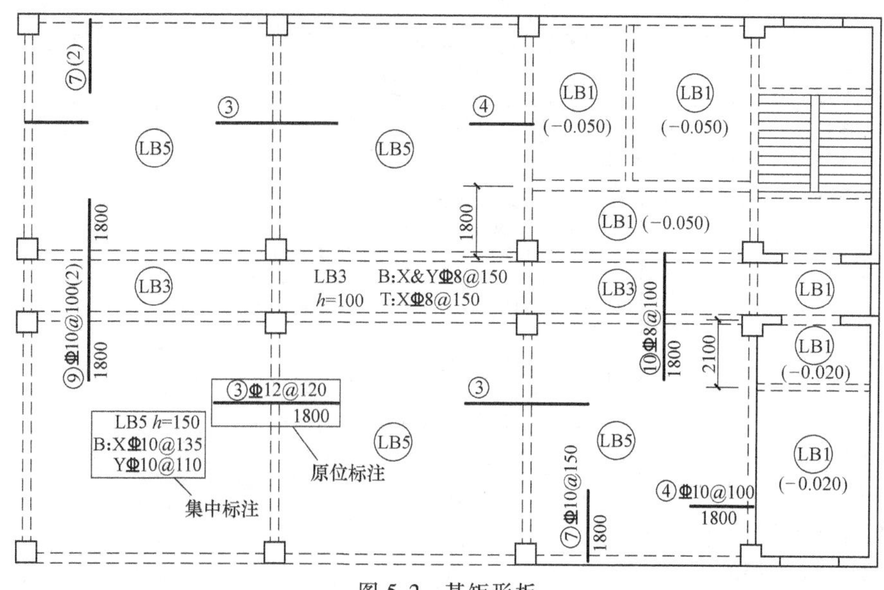

图 5-2　某矩形板

2. 板厚注写

板厚注写为：h=××× (为垂直于板面的厚度)

例如：h=80

当悬挑板的端部改变截面厚度时，注写为：h=×××/××× (斜线前为板根的厚度，斜线后为板端的厚度)

例如：h=70/50

3. 纵筋

纵筋按板块的下部纵筋和上部贯通纵筋分别注写 (当板块上部不设贯通纵筋时则不注)。

B 代表下部纵筋，T 代表上部贯通纵筋，B&T 代表下部与上部；X 向纵筋以 X 打头，Y 向纵筋以 Y 打头，两向纵筋配置相同时以 X&Y 打头。

【例 5-1】 双层板的配筋 (双向布筋)。

WB3 h=110

B：X Φ 10@ 110，Y Φ 8@ 100

T：X&Y Φ 10@ 150

【说明】

上述标注表示：编号为 WB3 的屋面板，厚度为 110mm，板下部布置 X 向纵筋Φ 10@ 110，Y 向纵筋Φ 8@ 100，板上部配置的贯通纵筋无论 X 向和 Y 向都是Φ 10@ 150。

【例 5-2】 单向板的配筋 (单层布筋)。

LB3　h=120

B：Y Φ 8@ 150

【说明】

上述标注表示：编号为 LB3 的楼面板，厚度为 120mm，板下部布置 Y 向纵筋Φ 8@ 150，板下部 X 向布置的分布筋不必进行集中标注，而在施工图统一注明。

下面再结合一些例子来说明各种类型楼板的钢筋标注。

【例 5-3】　双层双向板的标注 (图 5-3 左侧)。

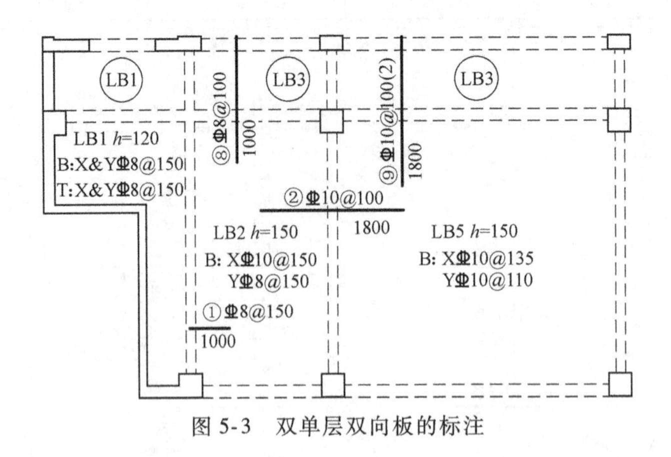

图 5-3 双单层双向板的标注

LB1 $h=120$

B：X&Y Φ 8@ 150

T：X&Y Φ 8@ 150

【说明】

上述标注表示：编号为 LB1 的楼面板，厚度为 120mm，板下部配置的纵筋无论 X 向和 Y 向都是Φ 8@ 150，板上部配置的贯通纵筋无论 X 向和 Y 向都是Φ 8@ 150。

在这里要说明的是，虽然 LB1 的钢筋标注只在某一块楼板上进行，但是，本楼层上所有注明“LB1”的楼板都执行上述标注的配筋。尤其值得指出的是，无论是大小不同的矩形板还是“刀把形板”，都执行同样的配筋。当然，对这些形状不同或尺寸不同的楼板，要分别计算每一块板的钢筋配置。

【例 5-4】 单层双向板的标注（图 5-3 右侧）。

LB5 $h=150$

B：X Φ 10@ 135；

Y Φ 10@ 110

【说明】

上述标注表示：编号为 LB5 的楼面板，厚度为 150mm，板下部配置的 X 向纵筋为Φ 10 @ 135，Y 向纵筋为Φ 10@ 110。

由于没有“T:”的钢筋标注，说明板上部不设贯通纵筋。这就是说，每一块板的周边需要进行扣筋（上部非贯通纵筋）的原位标注。应该理解的是，同为“LB1”的板，但周边设置的扣筋可能各不相同。由此可见，楼板的编号与扣筋的设置无关。

【例 5-5】“走廊板”的标注（图 5-4）

LB3 $h=100$

B：X&Y Φ 8@ 150

T：X Φ 8@ 150

【说明】

上述标注表示：编号为 LB3 的楼面板，厚度为 100mm，板下部配置的纵筋无论 X 向和 Y 向都是Φ 8@ 150，板上部配置的 X 向贯通纵筋为Φ 8@ 150。

板上部 Y 向没有标注贯通纵筋，但是并非没有配置钢筋——Y 向的钢筋有支座原位标

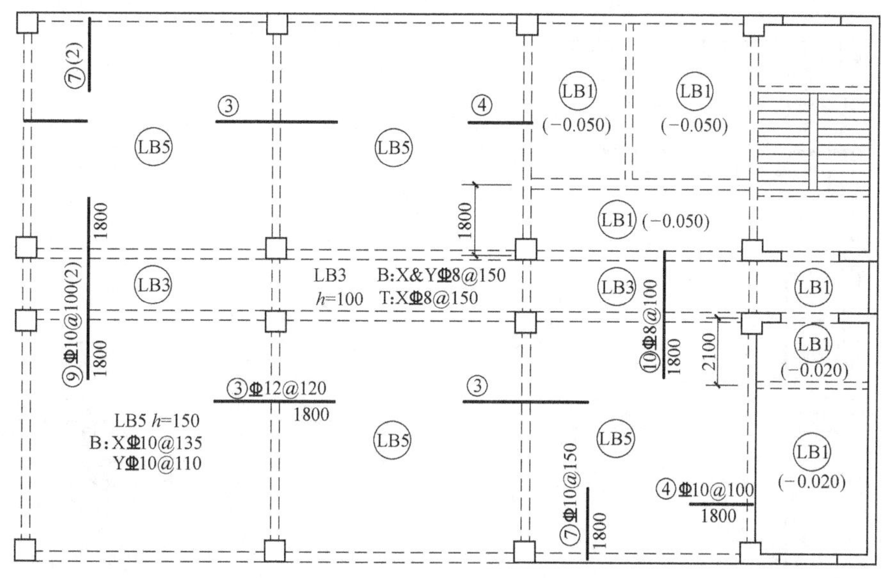

图 5-4 走廊板的标注

注的横跨两道梁的扣筋Φ 10@ 100 和Φ 12@ 120。

该“LB3”的集中标注虽然是注写在第二跨的“走廊板”上，但在第一跨和第三跨的“走廊板 LB3”都执行上述标注，只是横跨这几块板的扣筋规格和间距可能各不相同。

4. 板面标高高差

板面标高高差是指相对于结构层楼面标高的高差，应将其注写在括号内，且有高差则注，无高差不注。

例如：(−0. 050) 表示本板块比本层楼面标高低 0. 050m。

【例 5-6】“低板”的标注（图 5-4 右下角）。

图 5-4 的右下角有两块“LB1”板，在这些板上都标注有：(−0. 020)，这表示这两块板比本层楼面标高低 0. 020m。

由于这两块板的板面标高比周围的板要低 0. 020m，因此周边板上的扣筋只能做成“单侧扣筋”，即周边扣筋不能跨越边梁扣到标高较低的“LB1”板上。

细节：板支座原位标注

板支座原位标注为：板支座上部非贯通纵筋（即扣筋）和纯悬挑板上部受力钢筋。

板支座原位标注的基本方式为：

1）采用垂直于板支座（梁或墙）的一段适宜长度的中粗实线来代表扣筋，在扣筋的上方注写：钢筋编号、配筋值、横向连续布置的跨数（在括号内注写，当为一跨时可不注），以及是否横向布置到梁的悬挑端。

2）在扣筋的下方注写：自支座中线向跨内的延伸长度。

下面通过具体例子来说明板支座原位标注的各种情况。

1. 单侧扣筋布置的例子（单跨布置）

【例 5-7】 图 5-5a 下面一跨的单侧扣筋②号钢筋的标注。

在扣筋的上部标注：② Φ 10@ 100

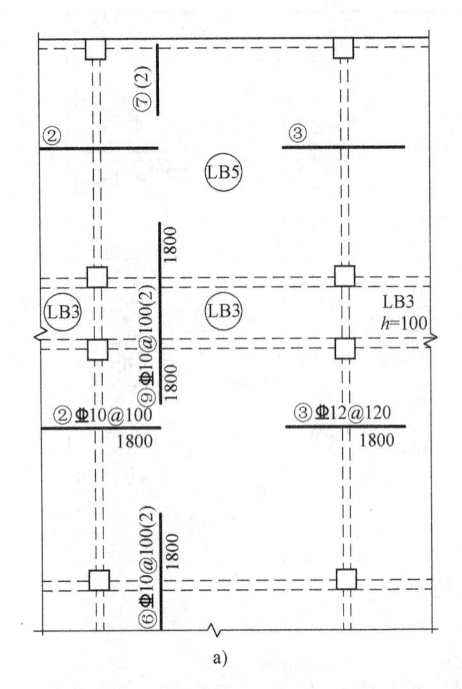

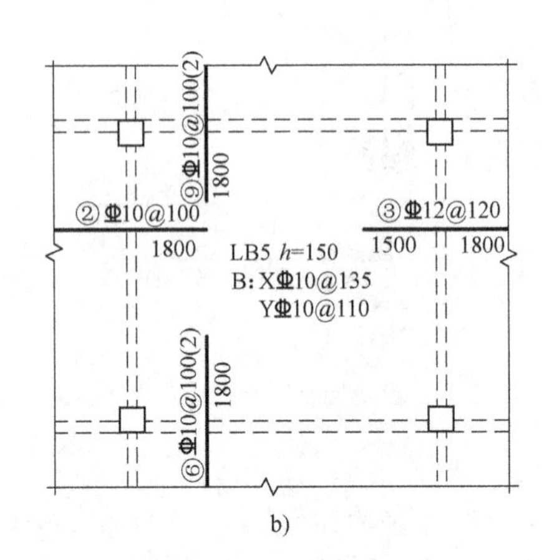

图5-5　单侧扣筋

在扣筋的下部标注：1800

则表示这个编号为②号的扣筋，规格和间距为Φ10@100，从梁中线向跨内的延伸长度为1800mm（图5-5a）。

说明：此扣筋上部标注的后面没有带括号“(　　)”的内容，说明这个扣筋②只在当前跨（即一跨）的范围内进行布置。

【例5-8】　图5-5a图上面一跨的一个②号扣筋的标注。

在扣筋的上部标注：②

在扣筋的下部没有任何标注

则表示这个“②号扣筋”执行前面②号扣筋的原位标注，而且这个②号扣筋是“1跨”的。

图5-5a图上有这样的扣筋标注方式：

在扣筋的上部标注：⑦（2）

则表示这个⑦号扣筋是“2跨”的（即在相邻的两跨连续布置：从标注跨向右数两跨）。

2. 双侧扣筋布置的例子（向支座两侧对称延伸）

【例5-9】　一根横跨一道框架梁的双侧扣筋②号钢筋的标注（图5-5b）。

在扣筋的上部标注：②Φ10@100

在扣筋下部的左侧为空白，没有尺寸标注

在扣筋下部的右侧标注：1800

则表示这根②号扣筋从梁中线向右侧跨内的延伸长度为1800mm；而由于双侧扣筋的右侧没有尺寸标注，则表明该扣筋向支座两侧对称延伸，即向左侧跨内的延伸长度也是 1800mm。

因此，②号扣筋的水平段长度=(1800+1800)mm=3600mm。

作为通用的计算公式：

双侧扣筋的水平段长度 = 左侧延伸长度 + 右侧延伸长度

3. 双侧扣筋布置的例子（向支座两侧非对称延伸）。

【例 5-10】 一根横跨一道框架梁的双侧扣筋③号钢筋的标注（图 5-5b）。

在扣筋的上部标注：③Φ 12@ 120

在扣筋下部的左侧

在扣筋下部的右侧标注：1800

则表示这根③号扣筋向支座两侧非对称延伸：从梁中线向左侧跨内的延伸长度为 1500mm；从梁中线向右侧跨内的延伸长度为 1800mm（图 5-5b）。

因此，③号扣筋的水平段长度=(1500+1800)mm=3300mm。

4. 贯通短跨全跨的扣筋布置例子

【例 5-11】 图 5-6 左边第一跨的⑨号扣筋的标注。

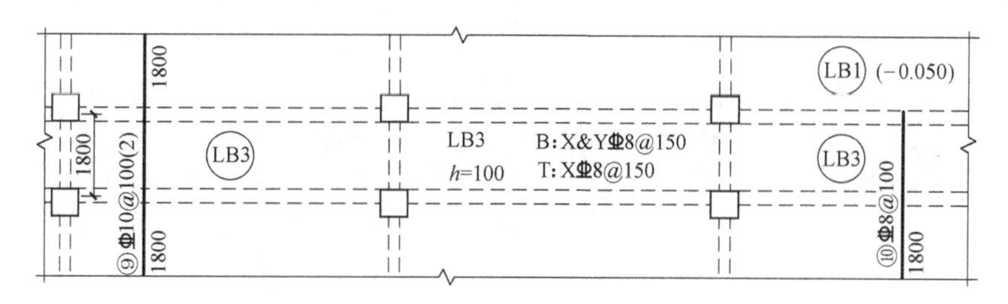

图 5-6　贯通短跨全跨的扣筋布置

在扣筋的上部标注：⑨Φ 10@ 100（2）

在扣筋中段横跨两梁之间没有尺寸标注

在扣筋下部左端标注延伸长度：1800

在扣筋下部右端标注延伸长度：1800

平法板的标注规则，对于贯通短跨全跨的扣筋，规定贯通全跨的长度值不注。对于本例来说，这两道梁都是“正中轴线”的，这两道梁中心线的距离，见平面图上标注的尺寸，为 1800mm。

这样的扣筋水平长度计算公式为：

扣筋水平段长度=左侧延伸长度+两梁（墙）的中心间距+右侧延伸长度

因此，⑨号扣筋的水平段长度=(1800+1800+1800)mm=5400mm。

说明：这个扣筋上部标注的后面有带括号的内容：“(2)”说明这个扣筋⑨在相邻的两跨之内设置。实行标注的当前跨即是“第一跨”，第二跨在第一跨的右边。

【例 5-12】 图 5-6 第 3 跨上横跨两道梁的⑩号扣筋的标注。

在扣筋的上部标注：⑩Φ 8@ 100

在扣筋左端下部标注延伸长度：1600

在扣筋横跨两梁之间没有尺寸标注。

这种扣筋与上例不同，它在Ⓒ轴线的外侧没有向跨内的延伸长度，也就是说，Ⓒ轴线的梁是这根扣筋的一个端支座节点。

因此，这样的扣筋水平长度计算公式为：

扣筋水平段长度 = 单侧延伸长度 + 两梁（墙）的中心间距 +
端部梁（墙）中线至外侧部分长度

5. 贯通全悬挑长度的扣筋布置例子

【例5-13】 ⑤号扣筋覆盖整个延伸悬挑板，应该作如下原位标注（图5-7a）：

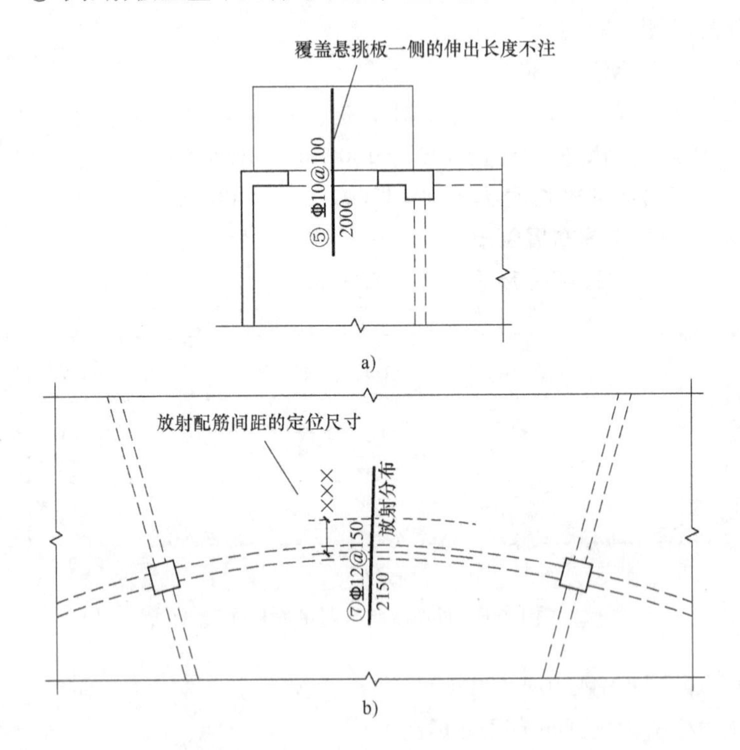

图5-7　贯通全悬挑长度的扣筋

在扣筋的上部标注：⑤Φ10@100

在扣筋下部向跨内的延伸长度：2000

覆盖延伸悬挑板一侧的延伸长度不作标注。由于扣筋所标注的向跨内延伸长度是从支座（梁）中心线算起的，因此，这根扣筋的水平长度的计算公式为：

扣筋水平段长度=跨内延伸长度+梁宽/2+悬挑板的挑出长度−保护层厚度

6. 弧形支座上的扣筋布置例子

当板支座为弧形，支座上方非贯通纵筋呈放射状分布时，设计者应注明配筋间距的度量位置并加注“放射分布”四字，必要时应补绘平面配筋图（图5-7b）。

与板支座上部非贯通纵筋垂直且绑扎在一起的构造钢筋或分布钢筋，应由设计者在图中注明。

例如，在结构施工图的总说明里规定板的分布钢筋为Φ8mm，间距为250mm。或者在楼层结构平面图上规定板分布钢筋的规格和间距。

细节：板构件钢筋构造知识体系

本节按构件组成、钢筋组成的思路，将板构件的钢筋总结为表5-2所示的内容，整理出钢筋种类后，再依次整理出各种钢筋的构造情况。

表5-2 板构件钢筋构造知识体系

钢筋种类	钢筋构造情况
板底筋	端部及中间支座锚固
	板挑檐
	悬挑板
	板翻边
	局部升降板
板顶筋	端部锚固
	板挑檐
	悬挑板
	板翻边
	局部升降板
支座负筋及分布筋	端支座负筋
	中间支座负筋
	跨板支座负筋
其他钢筋	板开洞
	悬挑阳角附加筋
	悬挑阴角附加筋
	温度筋
板钢筋骨架示意图	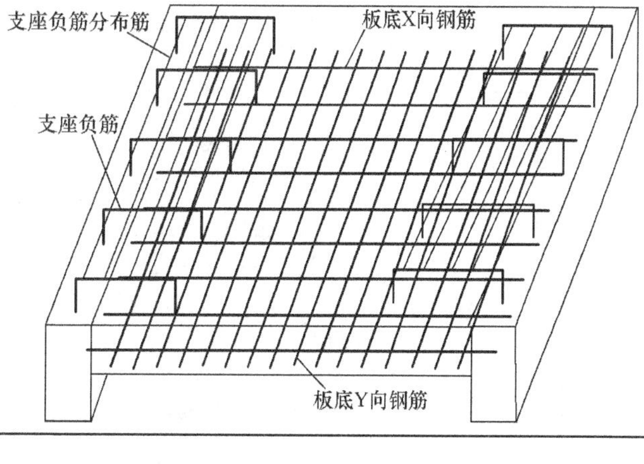

细节：有梁楼盖楼（屋）面板配筋构造

有梁楼盖楼（屋）面板配筋构造如图5-8所示。

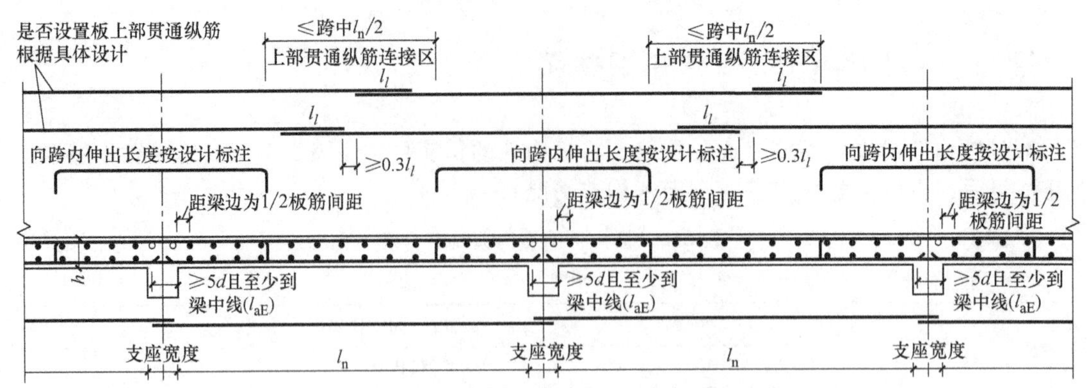

图 5-8　有梁楼盖楼（屋）面板配筋构造

（括号内的锚固长度 l_{aE}用于梁板式转换层的板）

1. 上部纵筋

1）上部非贯通纵筋向跨内伸出长度详见设计标注。

2）与支座垂直的贯通纵筋贯通跨越中间支座，上部贯通纵筋连接区在跨中 1/2 跨度范围之内；相邻等跨或不等跨的上部贯通纵筋配置不同时，应将配置较大者越过其标注的跨数终点或起点延伸至相邻跨的跨中连接区域连接。

与支座同向的贯通纵筋的第一根钢筋在距梁角筋为 1/2 板筋间距处开始设置。

2. 下部纵筋

1）与支座垂直的贯通纵筋伸入支座 5d 且至少到梁中线。

2）与支座同向的贯通纵筋第一根钢筋在距梁角筋 1/2 板筋间距处开始设置。

细节：楼面板与屋面板端部钢筋构造

楼面板与屋面板端部钢筋构造见表 5-3。

表 5-3　楼面板与屋面板端部钢筋构造

类型		识图	钢筋构造要点
端部支座为梁	普通楼屋面板	设计按铰接时：≥0.35l_{ab} 充分利用钢筋的抗拉强度时：≥0.6l_{ab} 外侧梁角筋 15d ≥5d且至少到梁中线 在梁角筋内侧弯钩	1）板上部贯通纵筋伸至梁外侧角筋的内侧弯钩，弯折长度为 15d。当设计按铰接时，弯折水平段长度≥0.35l_{ab}；当充分利用钢筋的抗拉强度时，弯折水平段长度≥0.6l_{ab} 2）板下部贯通纵筋在端部制作的直锚长度≥5d 且至少到梁中线
	用于梁板式转换层的楼面板	外侧梁角筋 ≥0.6l_{abE} 15d 15d 在梁角筋内侧弯钩 ≥0.6l_{abE}	1）板上部贯通纵筋伸至梁外侧角筋的内侧弯钩，弯折长度为 15d，弯折水平段长度≥0.6l_{abE} 2）梁板式转换层的板，下部贯通纵筋在端部支座的直锚长度≥0.6l_{abE}

（续）

类型		识图	钢筋构造要点
端部支座为剪力墙中间层		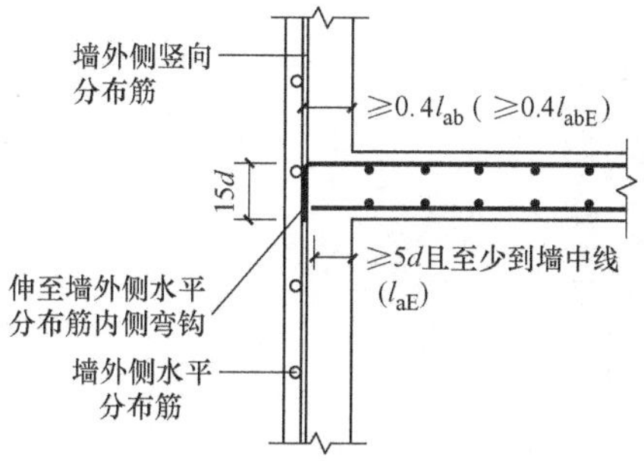 墙外侧竖向分布筋 $\geq 0.4l_{ab}$（$\geq 0.4l_{abE}$） $15d$ 伸至墙外侧水平分布筋内侧弯钩 $\geq 5d$且至少到墙中线（l_{aE}） 墙外侧水平分布筋	1）板上部贯通纵筋伸至墙身外侧水平分布筋的内侧弯钩，弯折长度为$15d$。弯折水平段长度$\geq 0.4l_{ab}$（$\geq 0.4l_{abE}$） 2）板下部贯通纵筋在端部支座的直锚长度$\geq 5d$且至少到墙中线；梁板式转换层的板，下部贯通纵筋在端部支座的直锚长度为l_{aE} 3）图中括号内的数值用于梁板式转换层的板，当板下部纵筋直锚长度不足时，可弯锚见下图 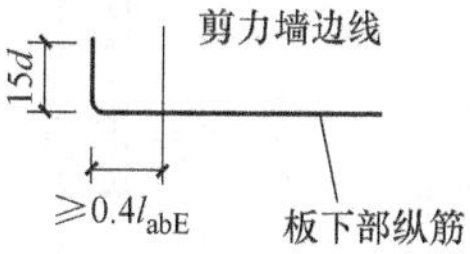 剪力墙边线 $15d$ $\geq 0.4l_{abE}$ 板下部纵筋
端部支座为剪力墙顶	板端按铰接设计时	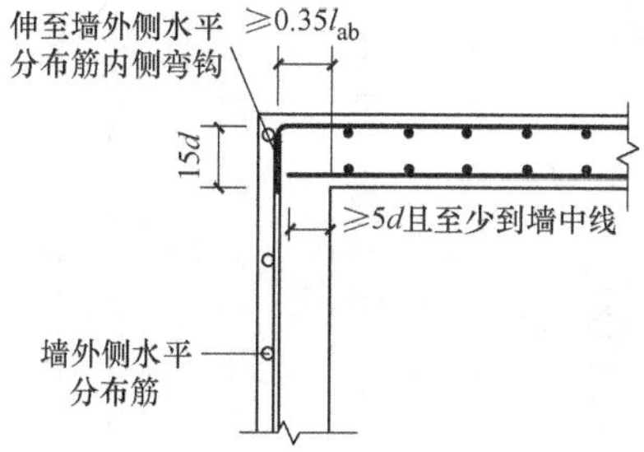 伸至墙外侧水平分布筋内侧弯钩 $\geq 0.35l_{ab}$ $15d$ $\geq 5d$且至少到墙中线 墙外侧水平分布筋	板上部贯通纵筋伸至墙身外侧水平分布筋的内侧弯钩，弯折长度为$15d$。弯折水平段长度$\geq 0.35l_{ab}$；板下部贯通纵筋在端部支座的直锚长度$\geq 5d$且至少到墙中线
	板端上部纵筋按充分利用钢筋的抗拉强度时	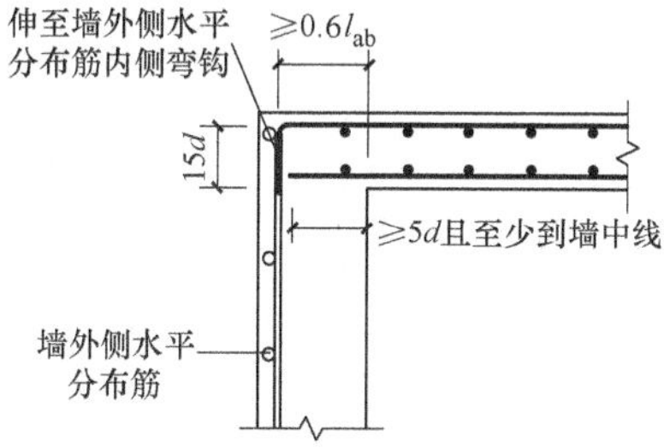 伸至墙外侧水平分布筋内侧弯钩 $\geq 0.6l_{ab}$ $15d$ $\geq 5d$且至少到墙中线 墙外侧水平分布筋	板上部贯通纵筋伸至墙身外侧水平分布筋的内侧弯钩，弯折长度为$15d$。弯折水平段长度$\geq 0.6l_{ab}$；板下部贯通纵筋在端部支座的直锚长度$\geq 5d$且至少到墙中线
	搭接连接	$15d$ l_l $\geq 5d$且至少到墙中线 断点位置低于板底 墙外侧水平分布筋	板上部贯通纵筋伸至墙身外侧水平分布筋的内侧弯钩，在断点位置低于板底，搭接长度为l_l，弯折水平段长度为$15d$；板下部贯通纵筋在端部支座的直锚长度$\geq 5d$且至少到墙中线

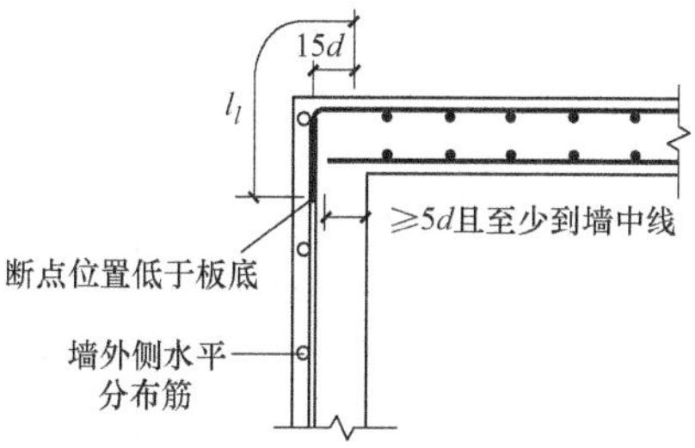

细节：板带的钢筋构造

1. 板带纵向钢筋构造

板带纵向钢筋构造如图5-9所示。

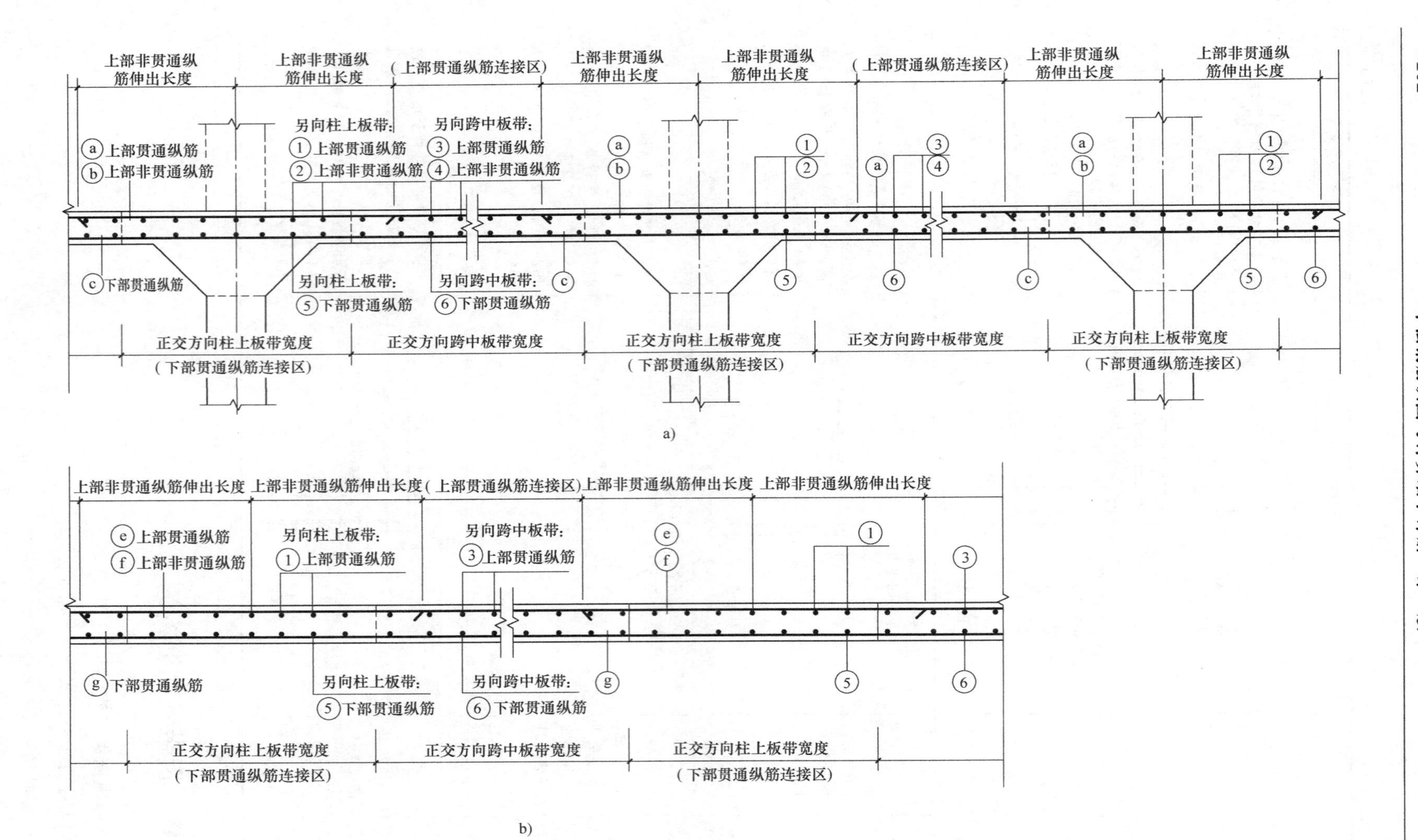

图 5-9　板带纵向钢筋构造

a）柱上板带 ZSB 纵向钢筋构造　b）跨中板带 KZB 纵向钢筋构造

1）当相邻等跨或不等跨的上部贯通纵筋配置不同时，应将配置较大者越过其标注的跨数终点或起点伸出至相邻跨的跨中连接区域连接。

2）柱上板带上部贯通纵筋的连接区在跨中区域；上部非贯通纵筋向跨内延伸长度按设计标注；非贯通纵筋的端点就是上部贯通纵筋连接区的起点。

3）跨中板带上部贯通纵筋连接区在跨中区域；下部贯通纵筋连接区的位置就在正交方向柱上板带的下方。

4）板贯通纵筋在连接区域内也可采用机械连接或焊接连接。

5）板各部位同一层面的两向交叉纵筋何向在下何向在上，应按具体设计说明。

6）无梁楼盖柱上板带内贯通纵筋搭接长度应为 l_{lE}。无柱帽柱上板带的下部贯通纵筋，宜在距柱面 2 倍板厚以外连接，采用搭接时钢筋端部宜设置垂直于板面的弯钩。

2. 板带端支座纵向钢筋构造

板带端支座纵向钢筋构造，见图 5-10、图 5-11。

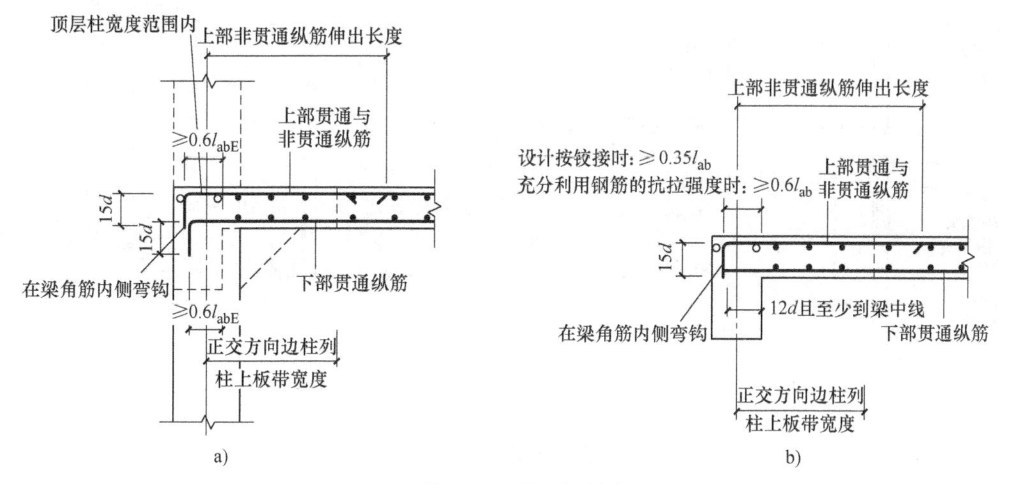

图 5-10　板带端支座纵向钢筋构造（一）

（板带上部非贯通纵筋向跨内伸出长度按设计标注）

a）柱上板带与柱连接　b）跨中板带与梁连接

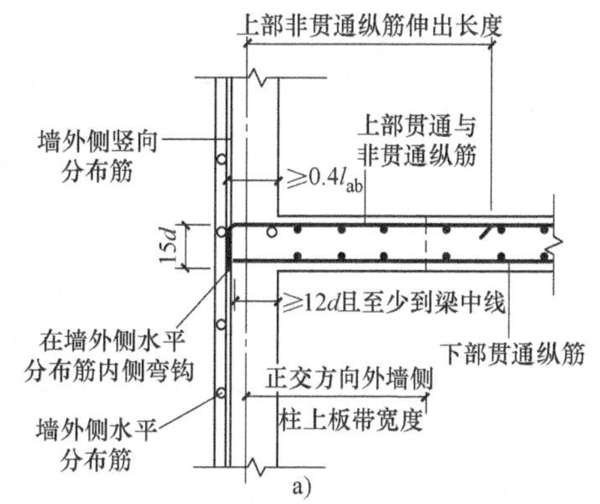

图 5-11　板带端支座纵向钢筋构造（二）

（板带上部非贯通纵筋向跨内伸出长度按设计标注）

a）跨中板带与剪力墙中间层连接

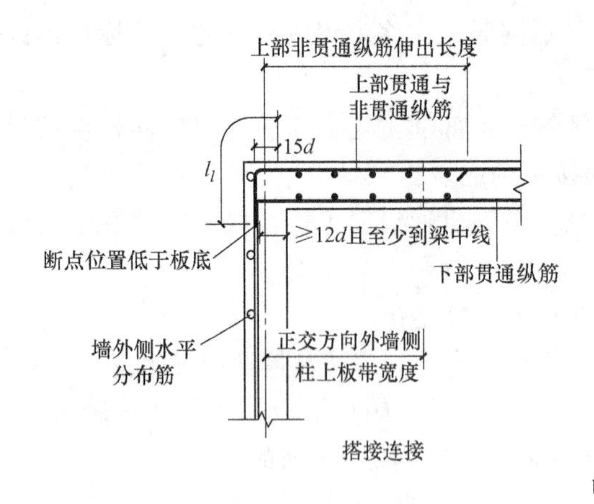

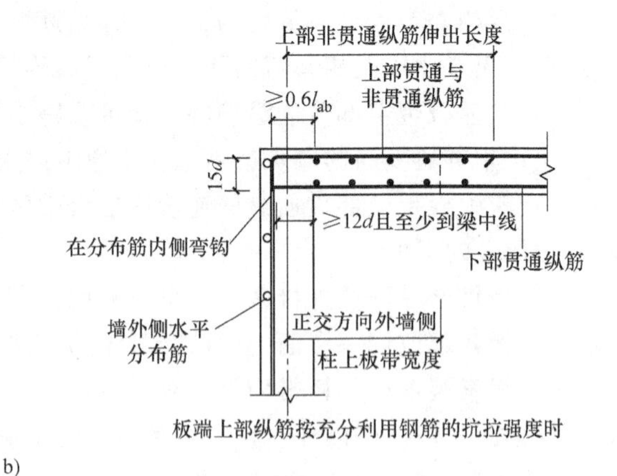

b)

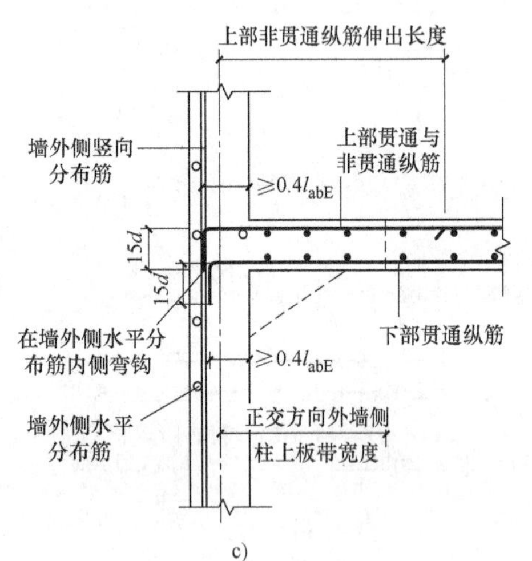

c)

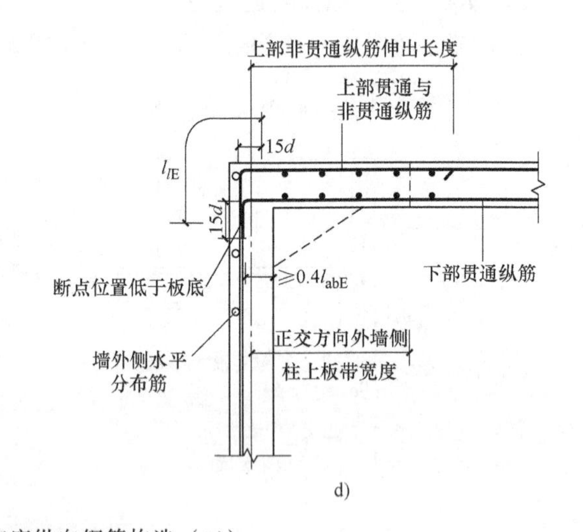

d)

图5-11　板带端支座纵向钢筋构造（二）

（板带上部非贯通纵筋向跨内伸出长度按设计标注）（续）

b）跨中板带与剪力墙墙顶连接　c）柱上板带与剪力墙中间层连接　d）柱上板带与剪力墙墙顶连接

1）图5-10中，柱上板带上部贯通纵筋与非贯通纵筋伸至柱内侧弯折15d，水平段锚固长度≥0.6l_{abE}。跨中板带上部贯通纵筋与非贯通纵筋伸至柱内侧弯折15d，当设计按铰接时，水平段锚固长度≥0.35l_{ab}；当设计充分利用钢筋的抗拉强度时，水平段锚固长度≥0.6l_{ab}。

2）跨中板带与剪力墙墙顶连接时，图5-11b做法由设计指定。

细节：悬挑板配筋构造

1）跨内外板面同高的延伸悬挑板，如

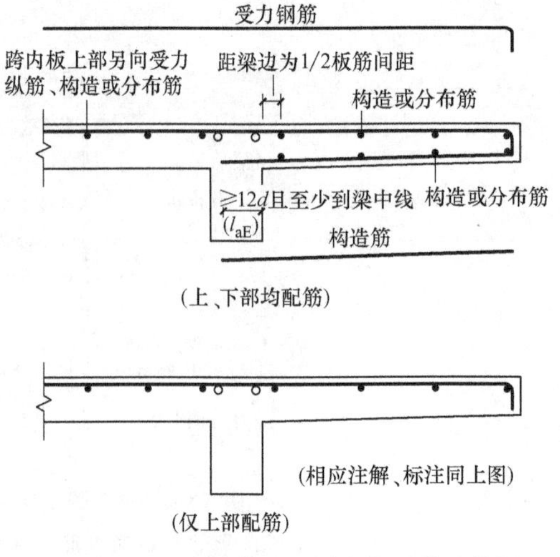

图5-12　跨内外板面同高的延伸悬挑板

图 5-12 所示。

由于悬臂支座处的负弯矩对内跨中有影响，会在内跨跨中出现负弯矩，因此：

① 上部钢筋可与内跨板负筋贯通设置，或伸入支座内锚固 l_a。

② 悬挑较大时，下部配置构造钢筋并铺入支座内≥12d，并至少伸至支座中心线处。

③ 括号内数值用于需考虑竖向地震作用时（由设计明确）。

2）跨内外板面不同高的延伸悬挑板，如图 5-13 所示。

① 悬挑板上部钢筋锚入内跨板内直锚 l_a，与内跨板负筋分离配置。

② 不得弯折连续配置上部受力钢筋。

③ 悬挑较大时，下部配置构造钢筋并锚入支座内≥12d，并至少伸至支座中心线处。

④ 内跨板的上部受力钢筋的长度，根据板上的均布活荷载设计值与均布恒荷载设计值的比值确定。

⑤ 括号内数值用于需考虑竖向地震作用时（由设计明确）。

3）纯悬挑板，如图 5-14 所示。

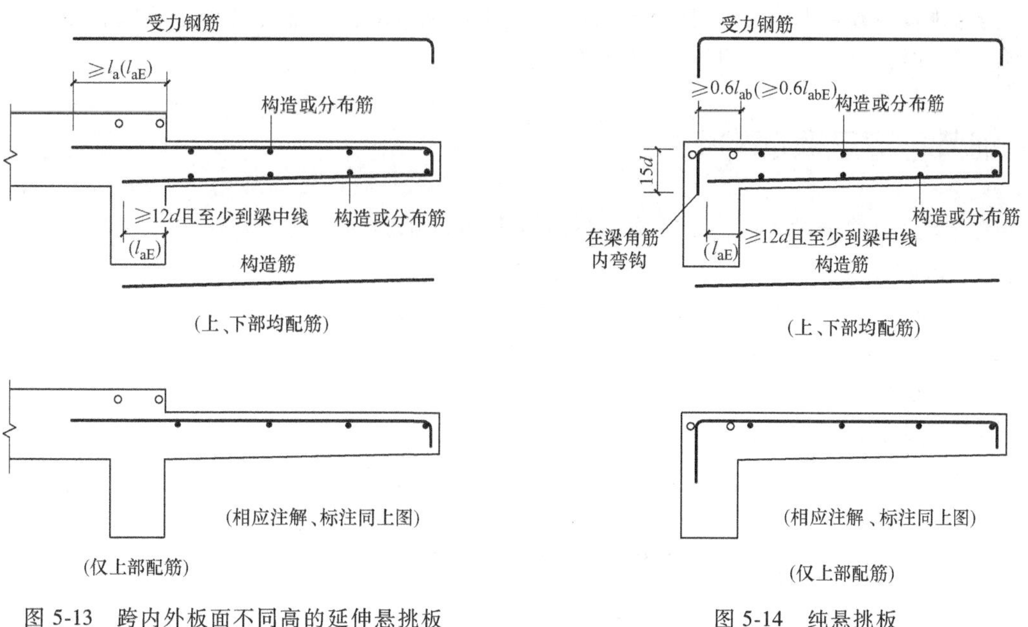

图 5-13　跨内外板面不同高的延伸悬挑板　　　　图 5-14　纯悬挑板

① 悬挑板上部是受力钢筋，受力钢筋在支座的锚固，宜采用 90°弯折锚固，伸至梁远端纵筋内侧下弯。

② 悬挑较大时，下部配置构造钢筋并锚入支座内≥12d，并至少伸至支座中心线处。

③ 注意支座梁的抗扭钢筋的配置：支撑悬挑板的梁，梁筋受到扭矩作用，扭力在最外侧两端最大，梁中纵向钢筋在支座内的锚固长度，按受力钢筋进行锚固。

④ 括号内数值用于需考虑竖向地震作用时（由设计明确）。

4）现浇挑檐、雨篷等伸缩缝间距不宜大于 12m。

对现浇挑檐、雨篷、女儿墙长度大于 12m，考虑其耐久性的要求，要设 2cm 左右温度间隙，钢筋不能切断，混凝土构件可断。

5）考虑竖向地震作用时，上、下受力钢筋应满足抗震锚固长度要求。

这对于复杂高层建筑物中的长悬挑板，由于考虑负风压产生的吸力，在北方地区高层、超高层建筑物中采用的是封闭阳台，在南方地区很多采用非封闭阳台。

6）悬挑板端部封边构造方式，如图 5-15 所示。

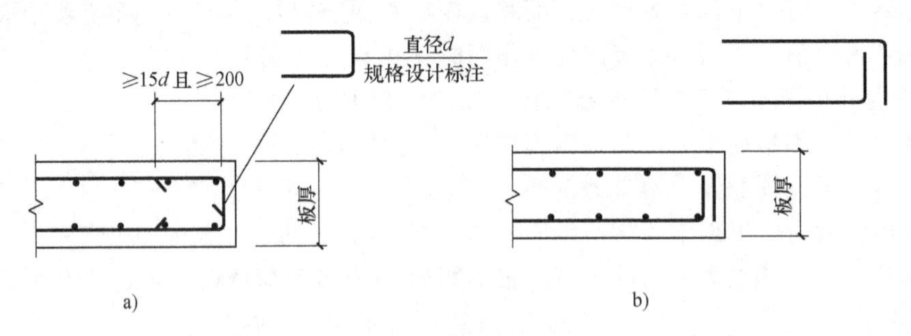

图 5-15　无支撑板端部封边构造

（当板厚≥150mm 时）

当悬挑板板端部厚度不小于 150mm 时，设计者应指定板端部封边构造方式，当采用 U 形钢筋封边时，尚应指定 U 形钢筋的规格、直径。

细节：支座负筋构造

中间支座负筋一般构造，平法施工图如图 5-16 所示。

钢筋构造要点：

1）中间支座负筋的延伸长度是指自支座中心线向跨内的长度。

2）弯折长度是板厚减一个保护层厚度，即 $h-15$。

3）支座负筋分布筋：

根数：从梁边起步布置；

长度：支座负筋的布置范围。

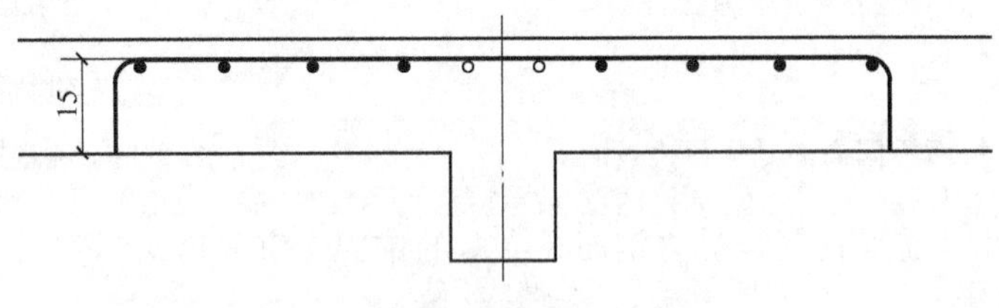

图 5-16　中间支座负筋一般构造

细节：板上部贯通纵筋的计算方法

1. 端支座为梁时板上部贯通纵筋的计算

（1）计算板上部贯通纵筋的根数

按照 16G101-1 图集的规定，第一根贯通纵筋在距梁边为 1/2 板筋间距处开始设置。这样，板上部贯通纵筋的布筋范围就是净跨长度。

在这个范围内除以钢筋的间距，所得到的“间隔个数”就是钢筋的根数（因为在施工中，可以把钢筋放在每个“间隔”的中央位置）。

（2）计算板上部贯通纵筋的长度

板上部贯通纵筋两端伸至梁外侧角筋的内侧，再弯直钩 15d；当平直段长度分别≥l_a、≥l_{aE}时可不弯折。具体的计算方法是：

① 直锚长度=梁截面宽度-保护层厚度-梁角筋直径

② 若平直段长度分别≥l_a、≥l_{aE}时可不弯折；否则弯直钩 15d。

以单块板上部贯通纵筋的计算为例：

板上部贯通纵筋的直段长度=净跨长度+两端的直锚长度

2. 端支座为剪力墙时板上部贯通纵筋的计算

（1）计算板上部贯通纵筋的根数

按照 16G101-1 图集的规定，第一根贯通纵筋在距墙边为 1/2 板筋间距处开始设置。

这样，板上部贯通纵筋的布筋范围就是净跨长度。

在这个范围内除以钢筋的间距，所得到的“间隔个数”就是钢筋的根数（因为在施工中，可以把钢筋放在每个“间隔”的中央位置）。

（2）计算板上部贯通纵筋的长度

板上部贯通纵筋两端伸至剪力墙外侧水平分布筋的内侧，弯锚长度为 l_{aE}。具体的计算方法是：

① 直锚长度=墙厚度-保护层厚度-墙身水平分布筋直径

② 弯钩长度=l_{aE}-直锚长度

以单块板上部贯通纵筋的计算为例：

板上部贯通纵筋的直段长度=净跨长度+两端的直锚长度

细节：板下部贯通纵筋的计算方法

1. 端支座为梁时板下部贯通纵筋的计算

（1）计算板下部贯通纵筋的根数

计算方法和前面介绍的板上部贯通纵筋根数的算法一致：

按照 16G101-1 图集的规定，第一根贯通纵筋在距梁边为 1/2 板筋间距处开始设置。

这样，板上部贯通纵筋的布筋范围=净跨长度。

在这个范围内除以钢筋的间距，所得到的“间隔个数”就是钢筋的根数（因为在施工中，可以把钢筋放在每个“间隔”的中央位置）。

（2）计算板下部贯通纵筋的长度

具体的计算方法一般为：

① 先选定直锚长度=梁宽/2。

② 再验算此时选定的直锚长度是否≥5d。如果满足“直锚长度≥5d”，则没有问题；如果不满足“直锚长度≥5d”，则取定 5d 为直锚长度（实际工程中，1/2 梁厚一般都能够满足“≥5d”的要求）。

以单块板下部贯通纵筋的计算为例：

板下部贯通纵筋的直段长度=净跨长度+两端的直锚长度

2. 端支座为剪力墙时板下部贯通纵筋的计算

(1) 计算板下部贯通纵筋的根数

计算方法和前面介绍的板上部贯通纵筋根数的算法一致。

(2) 计算板下部贯通纵筋的长度

具体的计算方法一般为：

① 先选定直锚长度=墙厚/2。

② 再验算此时选定的直锚长度是否≥$5d$。如果满足“直锚长度≥$5d$”，则没有问题；如果不满足“直锚长度≥$5d$”，则取定$5d$为直锚长度（实际工程中，1/2墙厚一般都能够满足“≥$5d$”的要求）。

以单块板下部贯通纵筋的计算为例：

板下部贯通纵筋的直段长度=净跨长度+两端的直锚长度

3. 梯形板钢筋计算的算法分析

实际工程中遇到的楼板，少数为异形板，多数为矩形板。

异形板的钢筋计算不同于矩形板。异形板的同向钢筋（如X向钢筋）的钢筋长度各不相同，需要分别计算每根钢筋；而矩形板的同向钢筋（X向钢筋或Y向钢筋）的长度都是一样的，于是问题就剩下钢筋根数的计算。

仔细分析一块梯形板，其可以划分为矩形板加上三角形板，于是梯形板钢筋的变长度问题就转化为三角形板的变长度问题（图5-17）。而计算三角形板的变长度钢筋，可以通过相似三角形的对应边成比例的原理来进行计算。

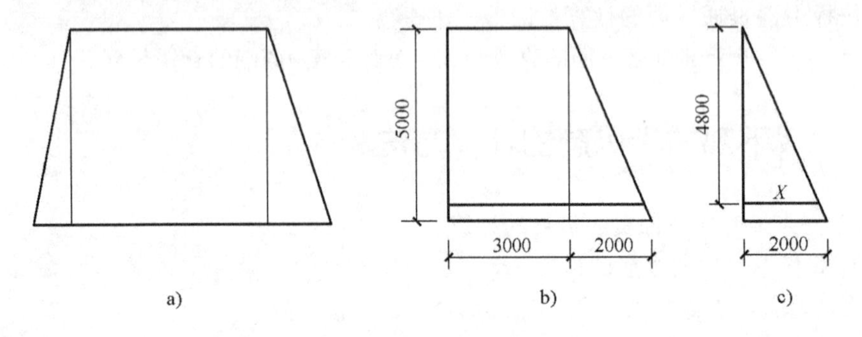

图5-17　变长度计算

算法分析：

例如，一个直角梯形的两条底边分别是3000mm和5000mm，高为5000mm。这个梯形可以划分成一个宽3000mm、高5000mm的矩形和一个底边为2000mm、高为5000mm的三角形。假设梯形的5000mm底边是楼板第一根钢筋的位置，这根5000mm的钢筋现在分解成矩形的3000mm底边和三角形的2000mm底边。这样，如果要计算梯形板的第二根钢筋长度，只需在这个三角形中进行计算即可。

相似三角形的算法是这样的：

假设钢筋间距为200mm，在高5000mm、底边为2000mm的三角形，将底边平行回退200mm，得到一个高4800mm、底边为X的三角形，这两个三角形是相似的，而X就是所求的第二根钢筋的长度（图5-17c图）。根据相似三角形的对应边成比例这一原理，有下面的计算公式：

$$X:2000=4800:5000$$

所以 $X=2000\times4800/5000\text{mm}=1920\text{mm}$

因此，梯形的第二根钢筋长度=3000+X=(3000+1920)mm=4920mm

根据这个原理，可以计算出梯形楼板的第三根以及更多的钢筋长度。

细节：扣筋的计算方法

扣筋（即板支座上部非贯通筋），是在板中应用得比较多的一种钢筋，在一个楼层当中，扣筋的种类又是最多的，因此在板钢筋计算中，扣筋的计算占的比重相当大。

1. 扣筋计算的基本原理

扣筋的形状为“┌──┐”形，有两条腿和一个水平段。

1）扣筋腿的长度与所在楼板的厚度有关。

① 单侧扣筋：扣筋腿的长度=板厚度-15（可以把扣筋的两条腿都采用同样的长度）

② 双侧扣筋（横跨两块板）：扣筋腿1的长度=板1的厚度-15

扣筋腿2的长度=板2的厚度-15

2）扣筋的水平段长度可根据扣筋延伸长度的标注值来进行计算。如果单纯根据延伸长度标注值还不能计算的话，则还要依据平面图板的相关尺寸来进行计算。

2. 最简单的扣筋计算

横跨在两块板中的“双侧扣筋”的扣筋计算

1）双侧扣筋（单侧标注延伸长度，表明该扣筋向支座两侧对称延伸）：

扣筋水平段长度=单侧延伸长度×2

2）双侧扣筋（两侧都标注了延伸长度）：

扣筋水平段长度=左侧延伸长度+右侧延伸长度

3. 需要计算端支座部分宽度的扣筋计算

单侧扣筋（一端支承在梁（墙）上，另一端伸到板中）：

扣筋水平段长度=单侧延伸长度+端部梁中线至外侧部分长度

4. 贯通全悬挑长度的扣筋的计算

贯通全悬挑长度的扣筋的水平段长度计算公式为

扣筋水平段长度=跨内延伸长度+梁宽/2+悬挑板的挑出长度-保护层

5. 横跨两道梁的扣筋的计算（贯通短跨全跨）

1）仅在一道梁之外有延伸长度：

扣筋水平段长度=单侧延伸长度+两梁的中心间距+端部梁中线至外侧部分长度

端部梁中线至外侧部分的扣筋长度=梁宽度/2-梁纵筋保护层-梁纵筋直径

2）在两道梁之外都有延伸长度：

扣筋水平段长度=左侧延伸长度+两梁的中心间距+右侧延伸长度

6. 扣筋分布筋的计算

（1）扣筋分布筋根数的计算

① 扣筋拐角处必须布置一根分布筋。

② 在扣筋的直段范围内按分布筋间距进行布筋。板分布筋的直径和间距在结构施工图的说明中应该有明确的规定。

③ 当扣筋横跨梁（墙）支座时，在梁（墙）的宽度范围内不布置分布筋。也就是说，这时要分别对扣筋的两个延伸净长度计算分布筋的根数。

（2）扣筋分布筋的长度

扣筋分布筋的长度没必要按全长计算。由于在楼板角部矩形区域，横竖两个方向的扣筋相互交叉，互为分布筋，因此这个角部矩形区域不应该再设置扣筋的分布筋，否则，四层钢筋交叉重叠在一块，混凝土不能覆盖住钢筋。

7. 一根完整的扣筋的计算过程

1）计算扣筋的腿长。如果横跨两块板的厚度不同，则要分别计算扣筋的两腿长度。

2）计算扣筋的水平段长度。

3）计算扣筋的根数。如果扣筋的分布范围为多跨，仍要“按跨计算根数”，相邻两跨之间的梁（墙）上不布置扣筋。扣筋根数的计算方法与贯通纵筋根数的计算方法一致。

4）计算扣筋的分布筋。

第6章　剪力墙构件

细节：剪力墙平法施工图的表示方法

剪力墙平法施工图即在剪力墙平面布置图上采用列表注写方式或截面注写方式表达。

剪力墙平面布置图主要包含两部分：剪力墙平面布置图，剪力墙各类构造和节点构造详图。

1. 剪力墙构件

在平法施工图中将剪力墙分为剪力墙柱、剪力墙身和剪力墙梁。

剪力墙柱（简称墙柱）包含纵向钢筋和横向箍筋，其连接方式与柱相同。

剪力墙梁（简称墙梁）可分为剪力墙连梁、剪力墙暗梁和剪力墙边框梁三类，其由纵向钢筋和横向箍筋组成，绑扎方式与梁基本相同。

剪力墙身（简称墙身）包含竖向钢筋、横向钢筋和拉筋。

2. 边缘构件

根据《建筑抗震设计规范》（GB 50011—2010）要求，剪力墙两端和洞口两侧应设置边缘构件。边缘构件包括：暗柱、端柱和翼墙。

对于剪力墙结构，底层墙肢底截面的轴压比不大于抗震规范要求的最大轴压比的一、二、三级剪力墙和四级抗震墙，墙肢两端可设置构造边缘构件。

对于剪力墙结构，底层墙肢底截面的轴压比大于抗震规范要求的最大轴压比的一、二、三级剪力墙，以及部分框支剪力墙结构的抗震墙，应在底部加强部位及相邻的上一层设置约束边缘构件，在以上的部位可设置构造边缘构件。

3. 剪力墙的定位

通常，轴线位于剪力墙中央，当轴线未居中布置时，应在剪力墙平面布置图上直接标注偏心尺寸。由于剪力墙暗柱与短肢剪力墙的宽度与剪力墙身同厚，因此，剪力墙在偏心情况下定位时，暗柱及小墙肢位置也随之确定。

细节：剪力墙平面表达形式

剪力墙平法施工图的表达方式有两种：列表注写方式和截面注写方式。

截面注写方式与列表注写方式均适用于各种结构类型，列表注写方式可在一张图纸上将全部剪力墙一次性表达清楚，也可以按剪力墙标准层逐层表达。截面注写方式通常需要先划分剪力墙标准层，再按标准层分别绘制。

1. 列表注写方式

列表注写方式，是指分别在剪力墙柱表、剪力墙身表和剪力墙梁表中，对应于剪力墙平面布置图上的编号，用绘制截面配筋图并注写几何尺寸与配筋具体数值的方式来表达剪力墙平法施工图。如图6-1~图6-3所示。

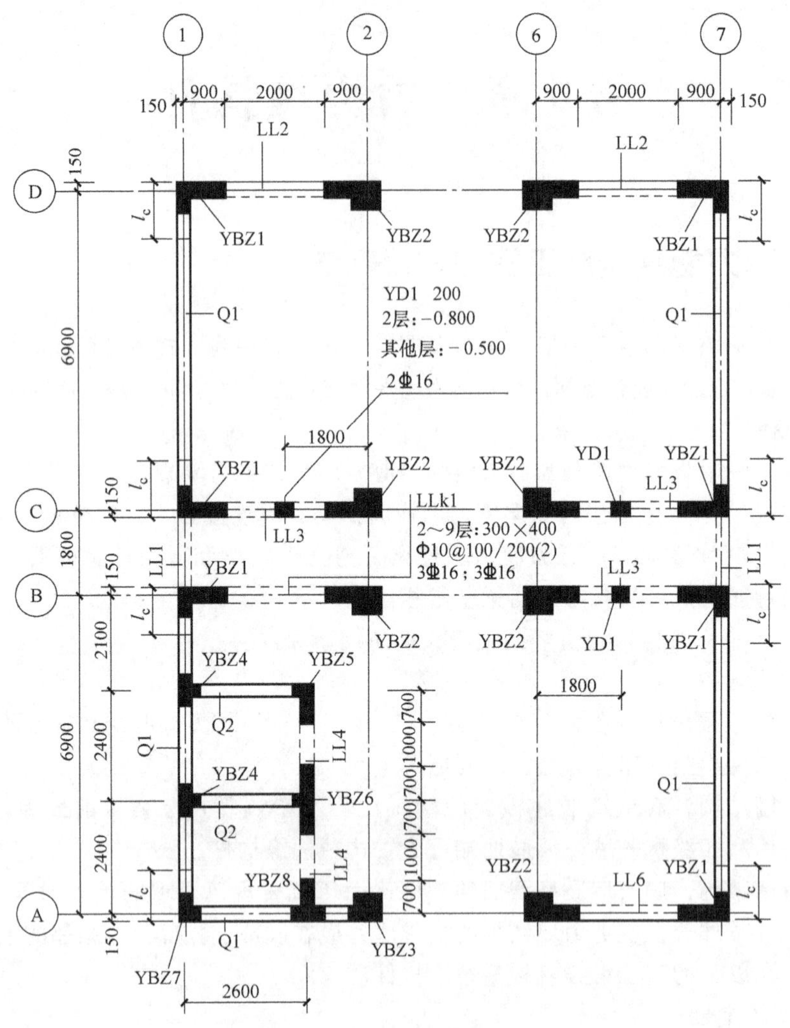

图 6-1　剪力墙平法施工图

（1）剪力墙柱表

在剪力墙柱表中，包括墙柱编号、截面配筋图，加注的几何尺寸（未注明的尺寸按标注构建详图取值）、墙柱的起止标高、全部纵向钢筋和箍筋等内容。其中墙柱的起止标高自墙柱根部往上以变截面位置或截面未变但配筋改变处为分段界限，墙柱根部标高是指基础顶面标高（部分框支剪力墙结构则为框支梁的顶面标高）。

（2）剪力墙身表

在剪力墙身表中，包括墙身编号（含水平与竖向分布钢筋的排数）、墙身的起止标高（表达方式同墙柱的起止标高）、水平分布钢筋、竖向分布钢筋和拉筋的具体数值（表中的数值为一排水平分布钢筋和竖向分布钢筋的规格与间距，具体设置几排见墙身后面的括号）等。

（3）剪力墙梁表

在剪力墙梁表中，包括墙梁编号、墙梁所在楼层号、墙梁顶面标高高差（指相对于墙梁所在结构层楼面标高的高差值，正值代表高于者，负值代表低于者，未注明的代表无高差）、墙梁截面尺寸 $b×h$、上部纵筋、下部纵筋和箍筋的具体数值等。当连梁设有对角暗撑

剪力墙梁表						
编号	所在楼层号	梁顶相对标高高差	梁截面 $b\times h$	上部纵筋	下部纵筋	箍筋
LL1	2～9	0.800	300×2000	4Φ25	4Φ25	φ10@100(2)
	10～16	0.800	250×2000	4Φ22	4Φ22	φ10@100(2)
	屋面1		250×1200	4Φ20	4Φ20	φ10@100(2)
LL2	3	-1.200	300×2520	4Φ25	4Φ25	φ10@150(2)
	4	-0.900	300×2070	4Φ25	4Φ25	φ10@150(2)
	5～9	-0.900	300×1770	4Φ25	4Φ25	φ10@150(2)
	10～屋面1	-0.900	250×1770	4Φ22	4Φ22	φ10@150(2)
LL3	2		300×2070	4Φ25	4Φ25	φ10@100(2)
	3		300×1770	4Φ25	4Φ25	φ10@100(2)
	4～9		300×1170	4Φ25	4Φ25	φ10@100(2)
	10～屋面1		250×1170	4Φ22	4Φ22	φ10@100(2)
LL4	2		250×2070	4Φ20	4Φ20	φ10@120(2)
	3		250×1770	4Φ20	4Φ20	φ10@120(2)
	4～屋面1		250×1170	4Φ20	4Φ20	φ10@120(2)
AL1	2～9		300×600	3Φ20	3Φ20	φ8@150(2)
	10～16		250×500	3Φ18	3Φ18	φ8@150(2)
BKL1	屋面1		500×750	4Φ22	4Φ22	φ10@150(2)

剪力墙身表					
编号	标高	墙厚	水平分布筋	垂直分布筋	拉筋(双向)
Q1	-0.030～30.270	300	Φ12@200	Φ12@200	φ6@600@600
	30.270～59.070	250	Φ10@200	Φ10@200	φ6@600@600
Q2	-0.030～30.270	250	Φ10@200	Φ10@200	φ6@600@600
	30.270～59.070	200	Φ10@200	Φ10@200	φ6@600@600

图 6-2　剪力墙梁、墙身表

时（代号为 LL（JC）××），注写暗撑的截面尺寸（箍筋外皮尺寸）；注写一根暗撑的全部纵筋，并标注×2 表明有两根暗撑相互交叉；注写暗撑箍筋的具体数值。当连梁设有交叉斜筋时（代号 LL（JX）××），注写连梁一侧对角斜筋的配筋值，并标注×2 表明对称设置；注写对角斜筋在连梁端部设置的拉筋根数、强度级别及直径，并标注×4 表示四个角都设置；注写连梁一侧折线筋配筋值，并标注×2 表明对称设置。当连梁设有集中对角斜筋时（代号为 LL（DX）××），注写一条对角线上的对角斜筋，并标注×2 表明对称设置。跨高比不小于 5 的连梁，按框架梁设计时（代号为 LLk××），采用平面注写方式，注写规则同框架梁，可采用适当比例单独绘制，也可与剪力墙平法施工图合并绘制。

2. 截面注写方式

1）截面注写方式。指在分标准层绘制的剪力墙平面布置图上以直接在墙柱、墙身、墙梁上注写截面尺寸和配筋具体数值的方式来表达剪力墙平法施工图，如图 6-4 所示。

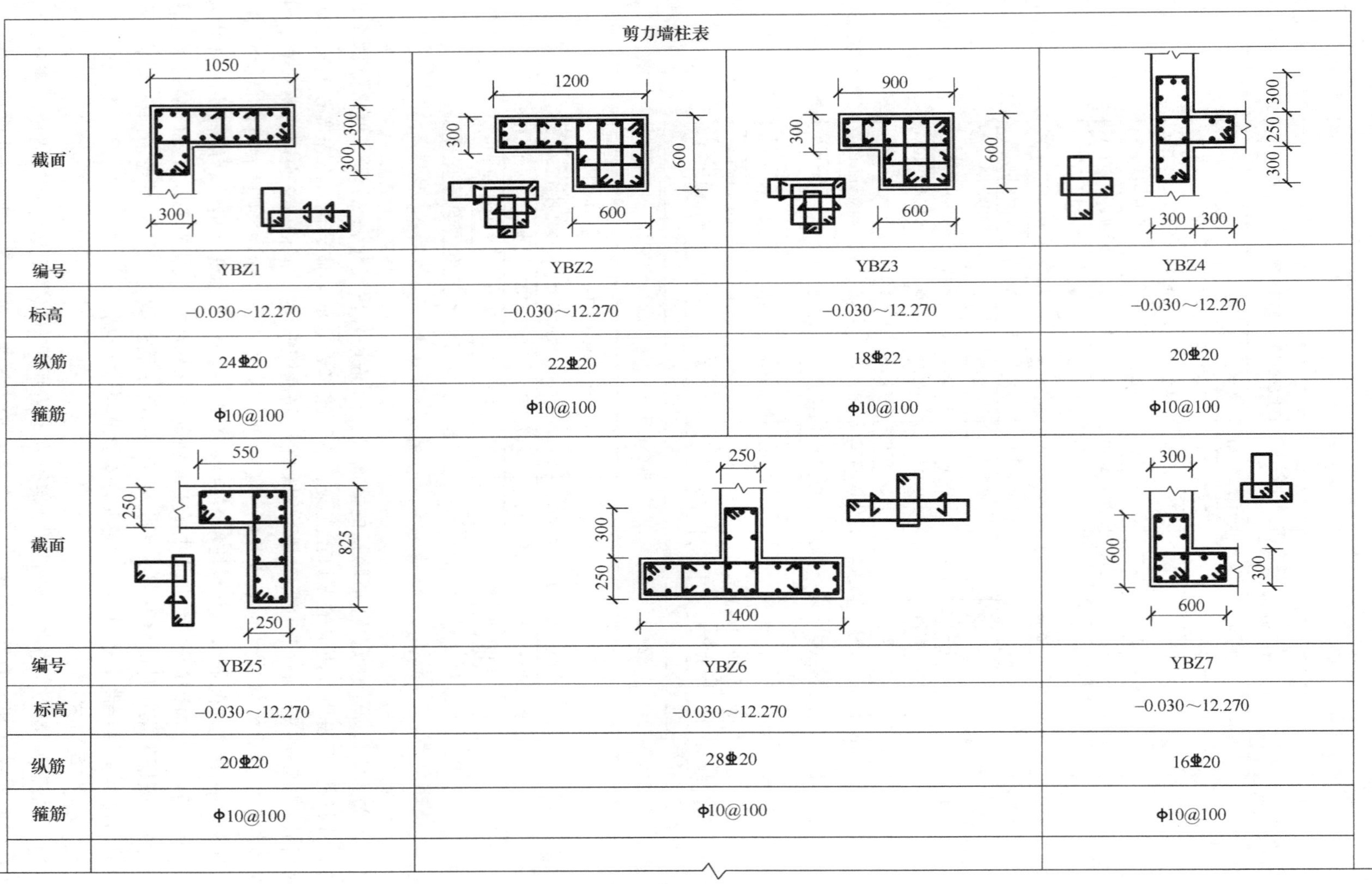

剪力墙柱表				
截面				
编号	YBZ1	YBZ2	YBZ3	YBZ4
标高	-0.030～12.270	-0.030～12.270	-0.030～12.270	-0.030～12.270
纵筋	24⌀20	22⌀20	18⌀22	20⌀20
箍筋	Φ10@100	Φ10@100	Φ10@100	Φ10@100
截面				
编号	YBZ5	YBZ6		YBZ7
标高	-0.030～12.270	-0.030～12.270		-0.030～12.270
纵筋	20⌀20	28⌀20		16⌀20
箍筋	Φ10@100	Φ10@100		Φ10@100

图6-3　剪力墙柱表

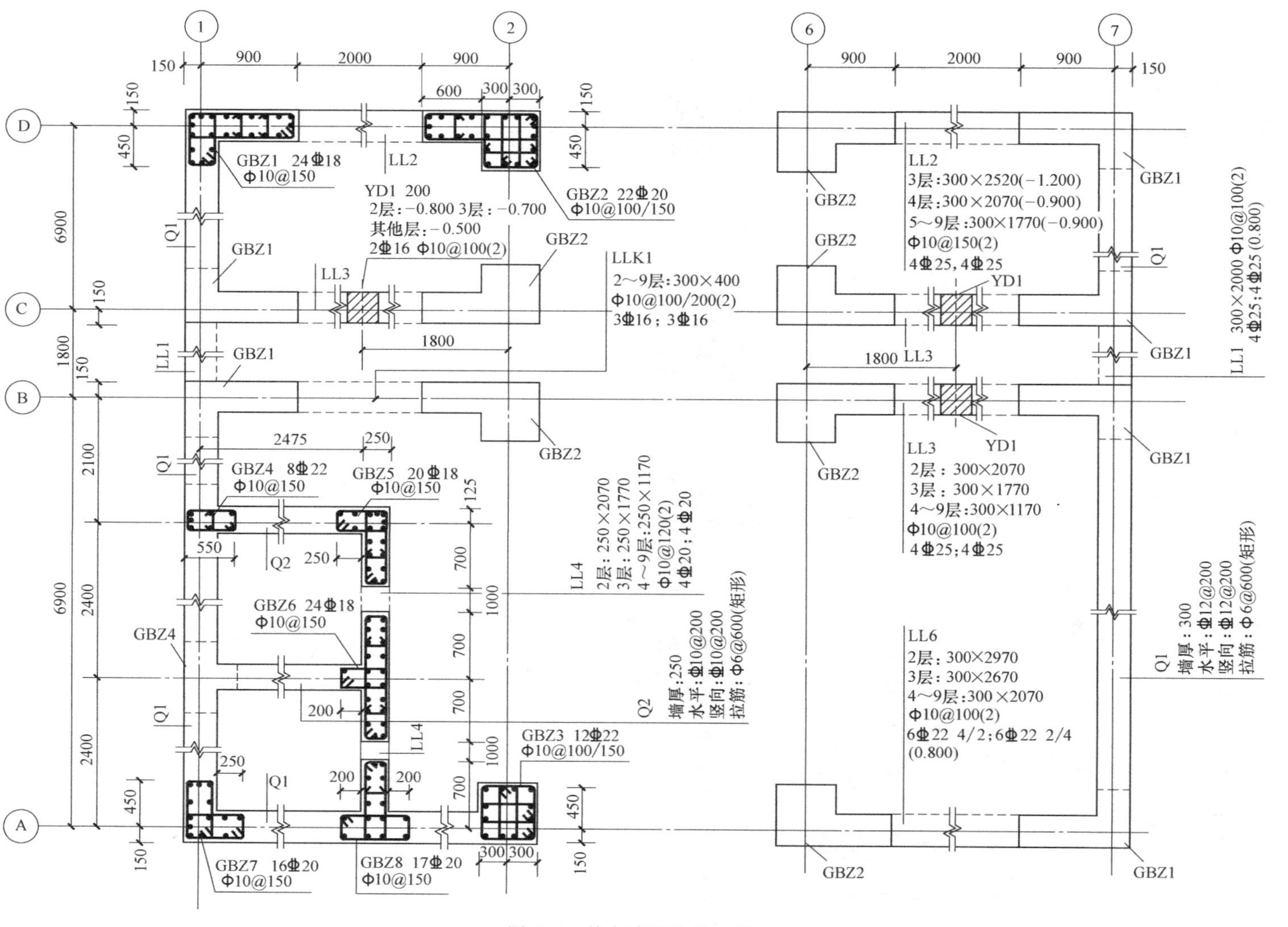

图 6-4　剪力墙平法施工图

2）选用适当比例原位放大绘制剪力墙平面布置图，其中对墙柱绘制配筋截面图；对所有墙柱、墙身、墙梁分别按剪力墙编号的规定进行编号，并分别在相同编号的墙柱、墙身、墙梁中选择一根墙柱、一道墙身、一根墙梁进行注写，其注写方式按以下规定进行：

① 剪力墙柱的注写内容有：截面配筋图、截面尺寸、全部纵筋和箍筋的具体数值。

② 剪力墙身的注写内容有：墙身编号（编号后括号内的数值表示墙身所配置的水平与竖向分布钢筋的排数）、墙厚尺寸、水平分布钢筋和竖向分布钢筋以及拉筋的具体数值。

③ 剪力墙梁的注写内容有：墙梁编号、墙梁截面尺寸 $b \times h$、墙梁箍筋、上部纵筋、下部纵筋和墙梁顶面标高高差（含义同列表注写方式）。

细节：剪力墙洞口的表示方法

无论采用列表注写方式还是截面注写方式，剪力墙上的洞口均可在剪力墙平面布置图上原位表达，具体表示方法如下：

1）在剪力墙平面布置图上绘制洞口示意，并标注洞口中心的平面定位尺寸。

2）在洞口中心位置引注：洞口编号；洞口几何尺寸；洞口中心相对标高；洞口每边补强钢筋，共四项内容。

① 洞口编号：矩形洞口为 JD××（××为序号），圆形洞口为 YD××（××为序号）。

② 洞口几何尺寸：矩形洞口为洞宽×洞高（$b \times h$），圆形洞口为洞口的直径 D。

③ 洞口中心相对标高：是相对于结构层楼（地）面标高的洞口中心高度。当其高于结构层楼面时为正值，低于结构层楼面时为负值。

④ 洞口每边补强钢筋，分以下几种不同情况：

a. 当矩形洞口的洞宽、洞高均不大于 800mm 时，此项注写为洞口每边补强钢筋的具体数据。当洞宽、洞高方向补强钢筋不一致时，分别注写洞宽方向、洞高方向补强钢筋，以“/”分隔。如图 6-5 所示。

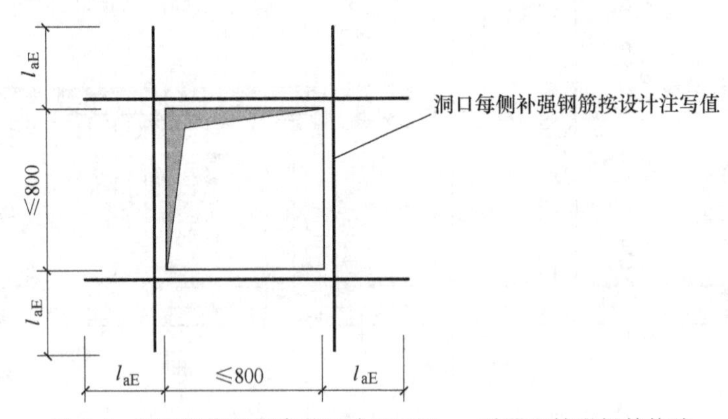

图 6-5　矩形洞宽和洞高均不大于 800mm 时洞口补强钢筋构造

【例 6-1】 JD3 400×300，+3.100，表示 3 号矩形洞口，洞口宽 400mm，洞口高 300mm，洞口中心距本结构层楼面 3100mm，洞口每边补强钢筋按构造配置。

【例 6-2】 JD2 400×300，+3.100，3⌀14，表示 2 号矩形洞口，洞宽 400mm，洞高 300mm，洞口中心距本结构层楼面 3100mm，洞口每边补强钢筋为 3⌀14。

【例 6-3】 JD4　800×300　+3.100　3⌀18/3⌀14，表示 4 号矩形洞口，洞宽 800mm，洞高 300mm，洞口中心距本结构层楼面 3100mm，洞宽方向补强钢筋为 3⌀18，洞高方向补强钢筋为 3⌀14。

b. 当矩形圆形洞口的洞宽或直径大于 800mm 时，在洞口的上、下需设置补强暗梁，此项注写为洞口上、下每边暗梁的纵筋与箍筋的具体数值（在标准构造详图中，补强暗梁梁高一律定为 400mm，施工时按标准构造详图取值，设计不注。当设计者采用与该构造详图不同做法时，应另行注明），在设计圆形洞口时，需注明环向加强钢筋的具体数值；当洞口上、下边为剪力墙连梁时，此项免注；洞口竖向两侧设置边缘构件时，亦不在此项表达（当洞口两侧不设置边缘构件时，设计者应给出具体做法），如图 6-6、图 6-7 所示。

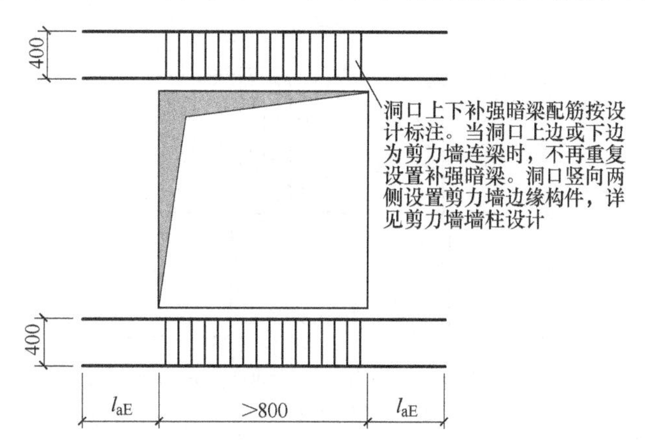

图 6-6　矩形洞宽和洞高均大于 800mm 时洞口补强暗梁构造

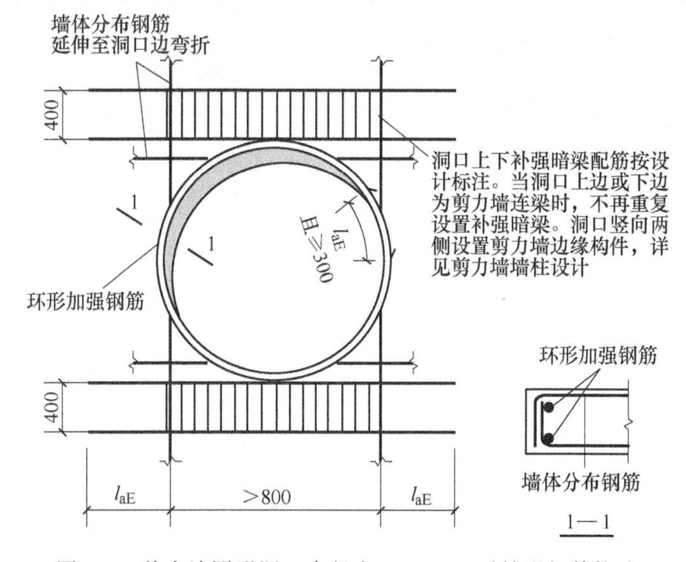

图 6-7　剪力墙圆形洞口直径大于 800mm 时补强钢筋构造

【例 6-4】 JD5 1000×900，+1.400，6⌀20，ϕ8@150，表示 5 号矩形洞口，洞宽 1000mm，洞高 900mm，洞口中心距本结构层楼面 1400mm，洞口上下设补强暗梁，每边暗梁纵筋为 6⌀20，箍筋为ϕ8@150。

【例 6-5】 YD5　1000　+1.800　6⌀20　ϕ8@150　2⌀16，表示 5 号圆形洞口，直径 1000mm，洞口中心距本结构层楼面 1800mm，洞口上下设补强暗梁，每边暗梁纵筋为 6⌀20，箍筋为 ϕ8@150，环向加强钢筋 2⌀16。

c. 当圆形洞口设置在连梁中部 1/3 范围（且圆洞直径不大于 1/3 梁高）时，需注写在圆洞上下水平设置的每边补强纵筋与箍筋，如图 6-8 所示。

d. 当圆形洞口设置在墙身或暗梁、边框梁位置，且洞口直径不大于 300mm 时，此项注写为洞口上下左右每边布置的补强纵筋的具体数值，如图 6-9 所示。

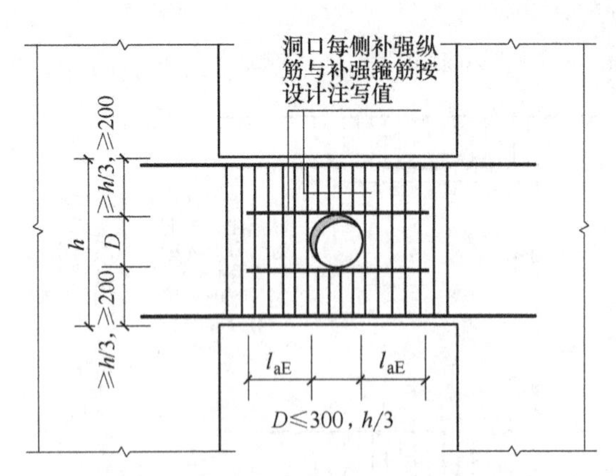

图 6-8　连梁中部圆形洞口补强钢筋构造

注：圆形洞口预埋钢套管。

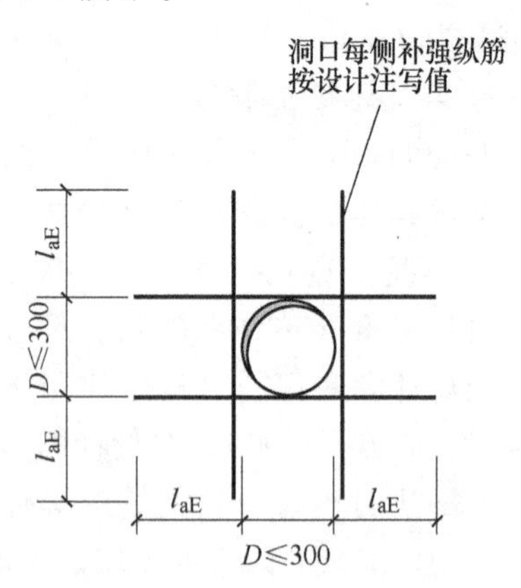

图 6-9　剪力墙圆形洞口直径不大于 300mm 时补强钢筋构造

e. 当圆形洞口直径大于 300mm，但不大于 800mm 时，此项注写为洞口上下左右每边布置的补强纵筋的具体数值，以及环向加强钢筋的具体数值，如图 6-10 所示。

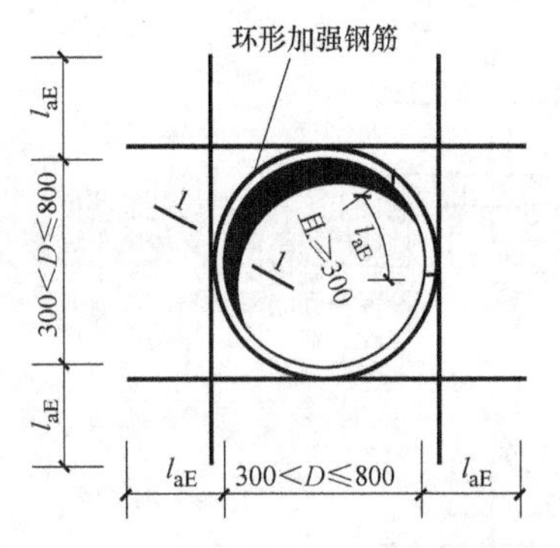

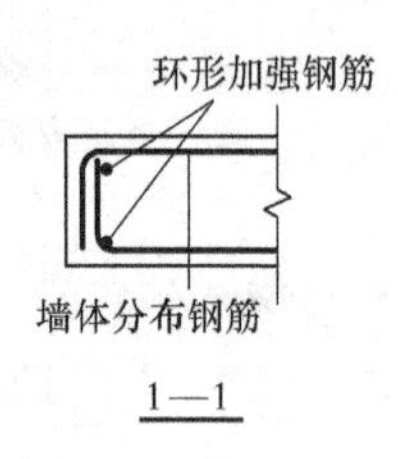

图 6-10　剪力墙圆形洞口直径大于 300mm 且小于等于 800mm 时补强钢筋构造

细节：地下室外墙的表示方法

1）地下室外墙仅适用于起挡土作用的地下室外围护墙。地下室外墙中墙柱、连梁及洞口等的表示方法同地上剪力墙。

2）地下室外墙编号，由墙身代号、序号组成。具体表达为：DWQ××。

3）地下室外墙平面注写方式，包括集中标注墙体编号、厚度、贯通筋、拉筋等和原位标注附加非贯通筋等两部分内容。当仅设置贯通筋，未设置附加非贯通筋时，则仅作集中标注。

4）地下室外墙的集中标注，规定如下：

① 注写地下室外墙编号，包括代号、序号、墙身长度（注为××~××轴）。

② 注写地下室外墙厚度 b_w = ×××。

③ 注写地下室外墙的外侧、内侧贯通筋和拉筋。

a. 以 OS 代表外墙外侧贯通筋。其中，外侧水平贯通筋以 H 打头注写，外侧竖向贯通筋以 V 打头注写。

b. 以 IS 代表外墙内侧贯通筋。其中，内侧水平贯通筋以 H 打头注写，内侧竖向贯通筋以 V 打头注写。

c. 以 tb 打头注写拉结筋直径、强度等级及间距，并注明“矩形”或“梅花”。

【例 6-6】 DWQ2（①~⑥），b_w = 300
OS：H⌀18@200，V⌀20@200
IS：H⌀16@200，V⌀18@200
tb：ϕ6@400@400 矩形

上述标注表示 2 号外墙，长度范围为①~⑥之间，墙厚为 300mm；外侧水平贯通筋为⌀18@200，竖向贯通筋为⌀20@200；内侧水平贯通筋为⌀16@200，竖向贯通筋为⌀18@200；拉结筋为 ϕ6mm，矩形布置，水平间距为 400mm，竖向间距为 400mm。

5）地下室外墙的原位标注，主要表示在外墙外侧配置的水平非贯通筋或竖向非贯通筋。

当配置水平非贯通筋时，在地下室墙体平面图上原位标注。在地下室外墙外侧绘制粗实线段代表水平非贯通筋，在其上注写钢筋编号并以 H 打头注写钢筋强度等级、直径、分布间距，以及自支座中线向两边跨内的伸出长度值。当自支座中线向两侧对称伸出时，可仅在单侧标注跨内伸出长度，另一侧不注，此种情况下非贯通筋总长度为标注长度的 2 倍。边支座处非贯通钢筋的伸出长度值从支座外边缘算起。

地下室外墙外侧非贯通筋通常采用“隔一布一”方式与集中标注的贯通筋间隔布置，其标注间距应与贯通筋相同，两者组合后的实际分布间距为各自标注间距的 1/2。

当在地下室外墙外侧底部、顶部、中层楼板位置配置竖向非贯通筋时，应补充绘制地下室外墙竖向剖面图并在其上原位标注。表示方法为在地下室外墙竖向剖面图外侧绘制粗实线段代表竖向非贯通筋，在其上注写钢筋编号并以 V 打头注写钢筋强度等级、直径、分布间距，以及向上（下）层的伸出长度值，并在外墙竖向剖面图名下注明分布范围（××~××轴）。

说明：竖向非贯通筋向层内的伸出长度值注写方式：

1. 地下室外墙底部非贯通钢筋向层内的伸出长度值从基础底板顶面算起。

2. 地下室外墙顶部非贯通钢筋向层内的伸出长度值从板底面算起。

3. 中层楼板处非贯通钢筋向层内的伸出长度值从板中间算起，当上下两侧伸出长度值相同时可仅注写一侧。

地下室外墙外侧水平、竖向非贯通筋配置相同者，可仅选择一处注写，其他可仅注写编号。

当在地下室外墙顶部设置水平通长加强钢筋时应注明。

设计时应注意：

Ⅰ. 设计者应根据具体情况判定扶壁柱或内墙是否作为墙身水平方向的支座，以选择合理的配筋方式。

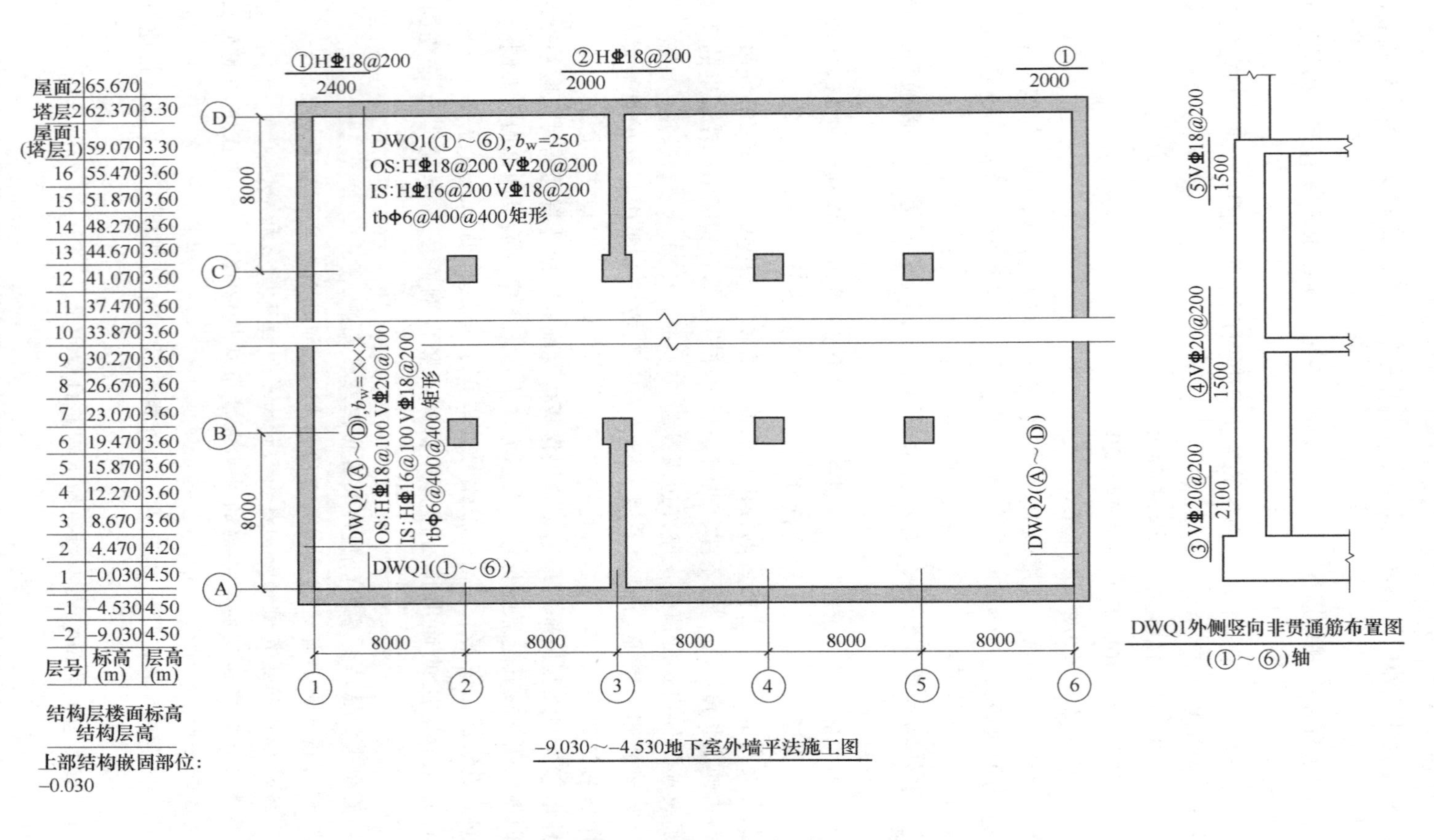

层号	标高(m)	层高(m)
屋面2	65.670	
塔层2	62.370	3.30
屋面1(塔层1)	59.070	3.30
16	55.470	3.60
15	51.870	3.60
14	48.270	3.60
13	44.670	3.60
12	41.070	3.60
11	37.470	3.60
10	33.870	3.60
9	30.270	3.60
8	26.670	3.60
7	23.070	3.60
6	19.470	3.60
5	15.870	3.60
4	12.270	3.60
3	8.670	3.60
2	4.470	4.20
1	−0.030	4.50
−1	−4.530	4.50
−2	−9.030	4.50

结构层楼面标高
结构层高

上部结构嵌固部位:
−0.030

图 6-11　地下室外墙平法施工图平面注写示例

Ⅱ. 在“顶板作为外墙的简支支承”、“顶板作为外墙的弹性嵌固支承（墙外侧竖向钢筋与板上部纵向受力钢筋搭接连接）”两种做法中，设计者应在施工中指定选用何种做法。

6）采用平面注写方式表达的地下室剪力墙平法施工图示例如图 6-11 所示。

细节：基础内墙身竖向分布钢筋构造

基础内墙身竖向分布钢筋构造，见表 6-1。

表 6-1　基础内墙身竖向分布钢筋构造

名称		构　造　图	构 造 说 明
基础内墙身竖向分布钢筋构造	保护层厚度 $>5d$	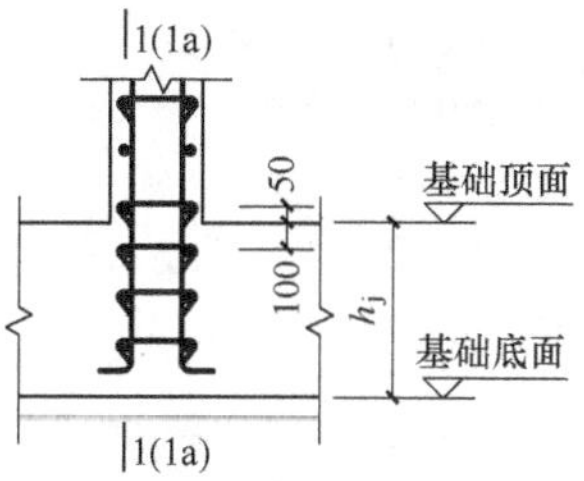 1(1a)；50；100；h_j；基础顶面；基础底面；1(1a)	字母释义： h_j——基础底面至基础顶面的高度，墙下有基础梁时，为梁底面至顶面的高度 d——墙身竖向分布钢筋直径 l_{abE}——抗震设计时受拉钢筋基本锚固长度 l_{aE}——受拉钢筋抗震锚固长度 l_{lE}——纵向受拉钢筋抗震搭接长度 构造图解析： 1）锚固区横向箍筋应满足直径≥$d/4$（d 为插筋最大直径），间距≤$10d$（d 为插筋最小直径）且≤100mm 的要求 2）当墙身竖向分布钢筋在基础中保护层厚度不一致（如分布筋部分位于梁中，部分位于板内），保护层厚度不大于 $5d$ 的部分应设置锚固区横向钢筋 3）当选用搭接连接时，设计人员应在图纸中注明 4）1-1 剖面，当施工采取有效措施保证钢筋定位时，墙身竖向分布钢筋伸入基础长度满足直锚即可
	保护层厚度 $\leqslant 5d$	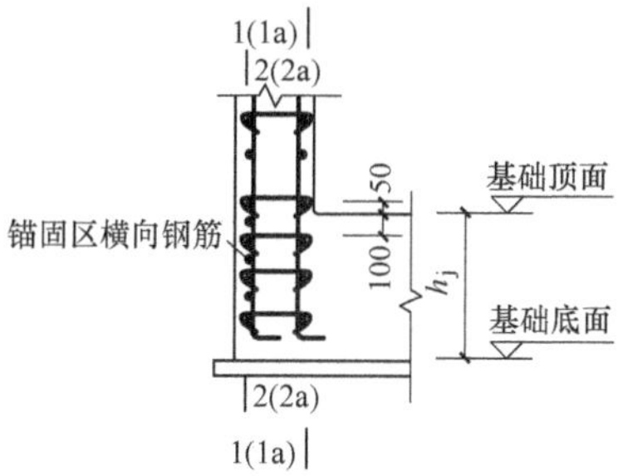 1(1a)；2(2a)；锚固区横向钢筋；50；100；h_j；基础顶面；基础底面；2(2a)；1(1a)	
	搭接连接	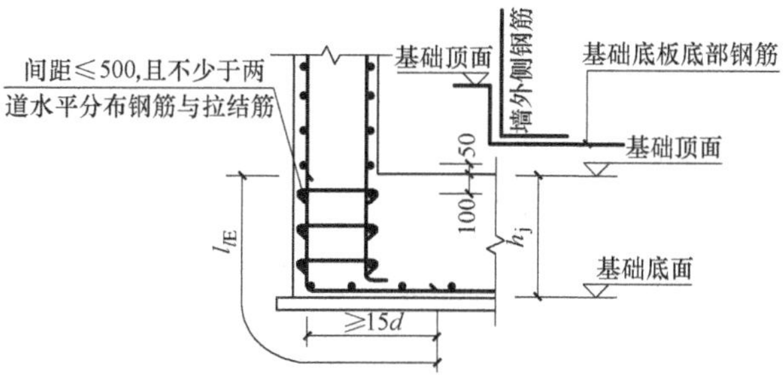 间距≤500，且不少于两道水平分布钢筋与拉结筋；基础顶面；墙外侧钢筋；基础底板底部钢筋；基础顶面；50；100；l_{lE}；h_j；基础底面；≥$15d$	

（续）

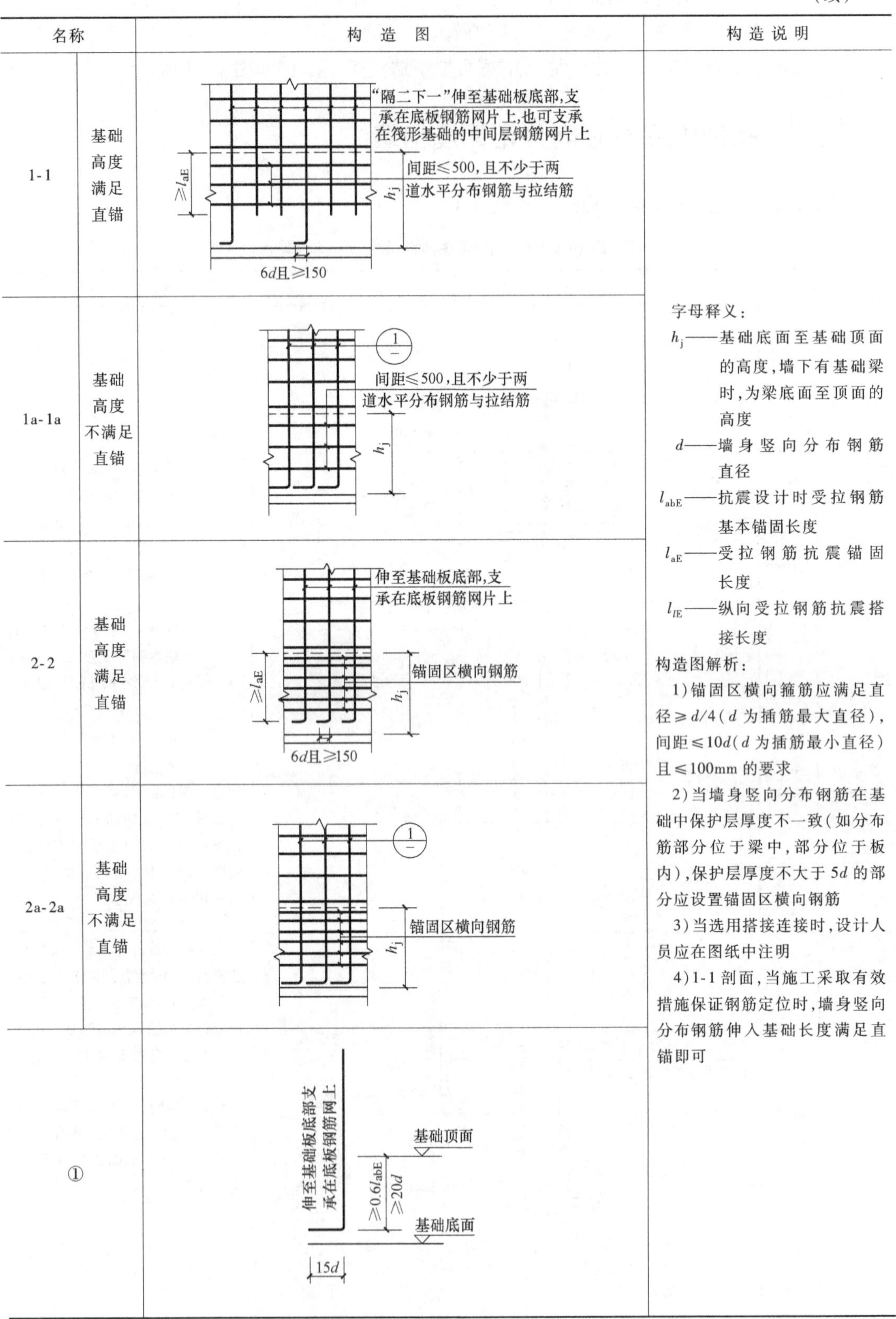

名称		构造图	构造说明
1-1	基础高度满足直锚		字母释义： h_j——基础底面至基础顶面的高度，墙下有基础梁时，为梁底面至顶面的高度 d——墙身竖向分布钢筋直径 l_{abE}——抗震设计时受拉钢筋基本锚固长度 l_{aE}——受拉钢筋抗震锚固长度 l_{lE}——纵向受拉钢筋抗震搭接长度 构造图解析： 1）锚固区横向箍筋应满足直径≥d/4（d为插筋最大直径），间距≤10d（d为插筋最小直径）且≤100mm的要求 2）当墙身竖向分布钢筋在基础中保护层厚度不一致（如分布筋部分位于梁中，部分位于板内），保护层厚度不大于5d的部分应设置锚固区横向钢筋 3）当选用搭接连接时，设计人员应在图纸中注明 4）1-1剖面，当施工采取有效措施保证钢筋定位时，墙身竖向分布钢筋伸入基础长度满足直锚即可
1a-1a	基础高度不满足直锚		
2-2	基础高度满足直锚		
2a-2a	基础高度不满足直锚		
①			

细节：剪力墙柱钢筋构造

(1) 约束边缘构件 YBZ 构造

约束边缘构件 YBZ 构造，见表 6-2。

表 6-2　约束边缘构件 YBZ 构造

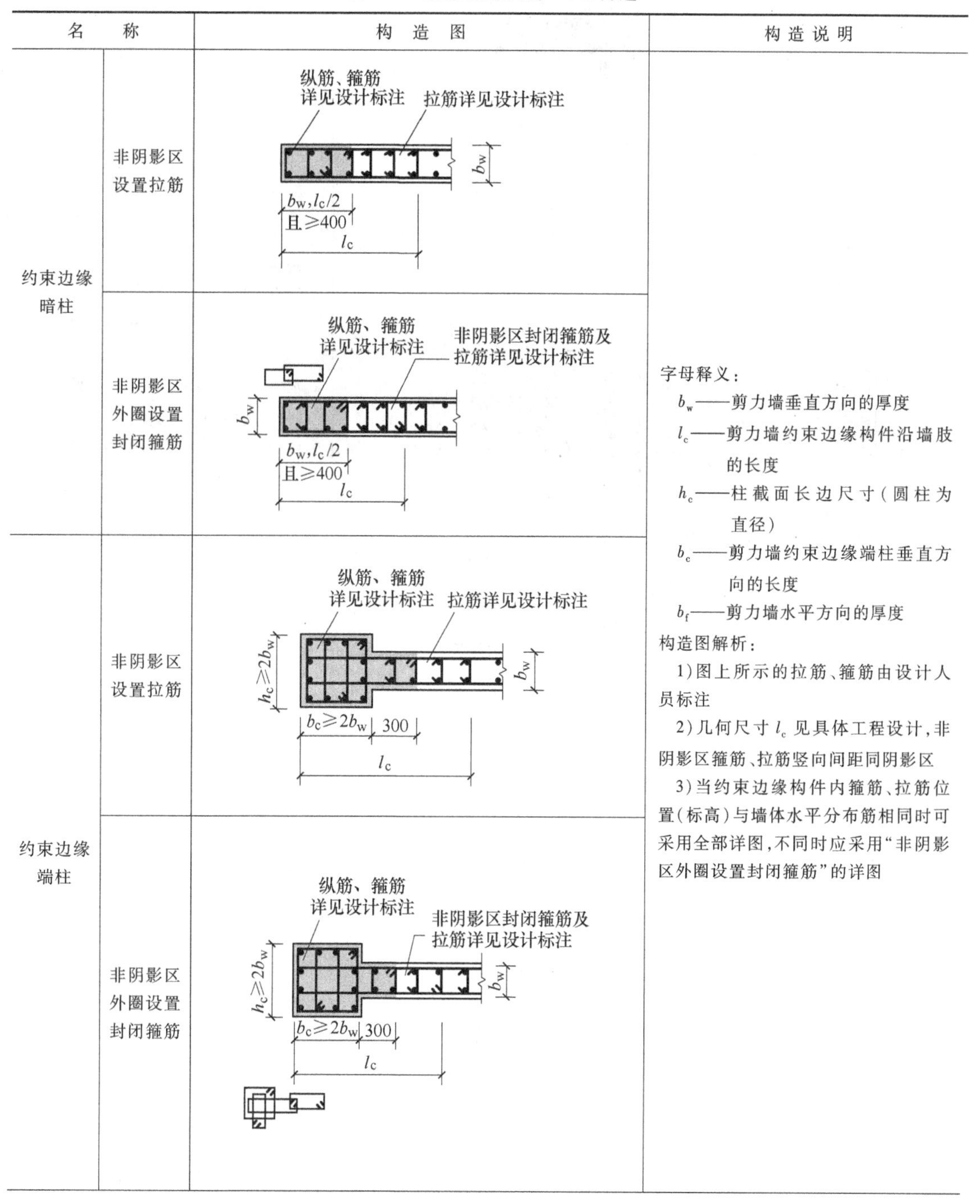

名称		构造图	构造说明
约束边缘暗柱	非阴影区设置拉筋	纵筋、箍筋详见设计标注；拉筋详见设计标注；b_w；$b_w, l_c/2$ 且≥400；l_c	字母释义： b_w——剪力墙垂直方向的厚度 l_c——剪力墙约束边缘构件沿墙肢的长度 h_c——柱截面长边尺寸（圆柱为直径） b_c——剪力墙约束边缘端柱垂直方向的长度 b_f——剪力墙水平方向的厚度 构造图解析： 1)图上所示的拉筋、箍筋由设计人员标注 2)几何尺寸 l_c 见具体工程设计，非阴影区箍筋、拉筋竖向间距同阴影区 3)当约束边缘构件内箍筋、拉筋位置(标高)与墙体水平分布筋相同时可采用全部详图，不同时应采用“非阴影区外圈设置封闭箍筋”的详图
	非阴影区外圈设置封闭箍筋	纵筋、箍筋详见设计标注；非阴影区封闭箍筋及拉筋详见设计标注；b_w；$b_w, l_c/2$ 且≥400；l_c	
约束边缘端柱	非阴影区设置拉筋	纵筋、箍筋详见设计标注；拉筋详见设计标注；$h_c \geq 2b_w$；b_w；$b_c \geq 2b_w$；300；l_c	
	非阴影区外圈设置封闭箍筋	纵筋、箍筋详见设计标注；非阴影区封闭箍筋及拉筋详见设计标注；$h_c \geq 2b_w$；b_w；$b_c \geq 2b_w$；300；l_c	

（续）

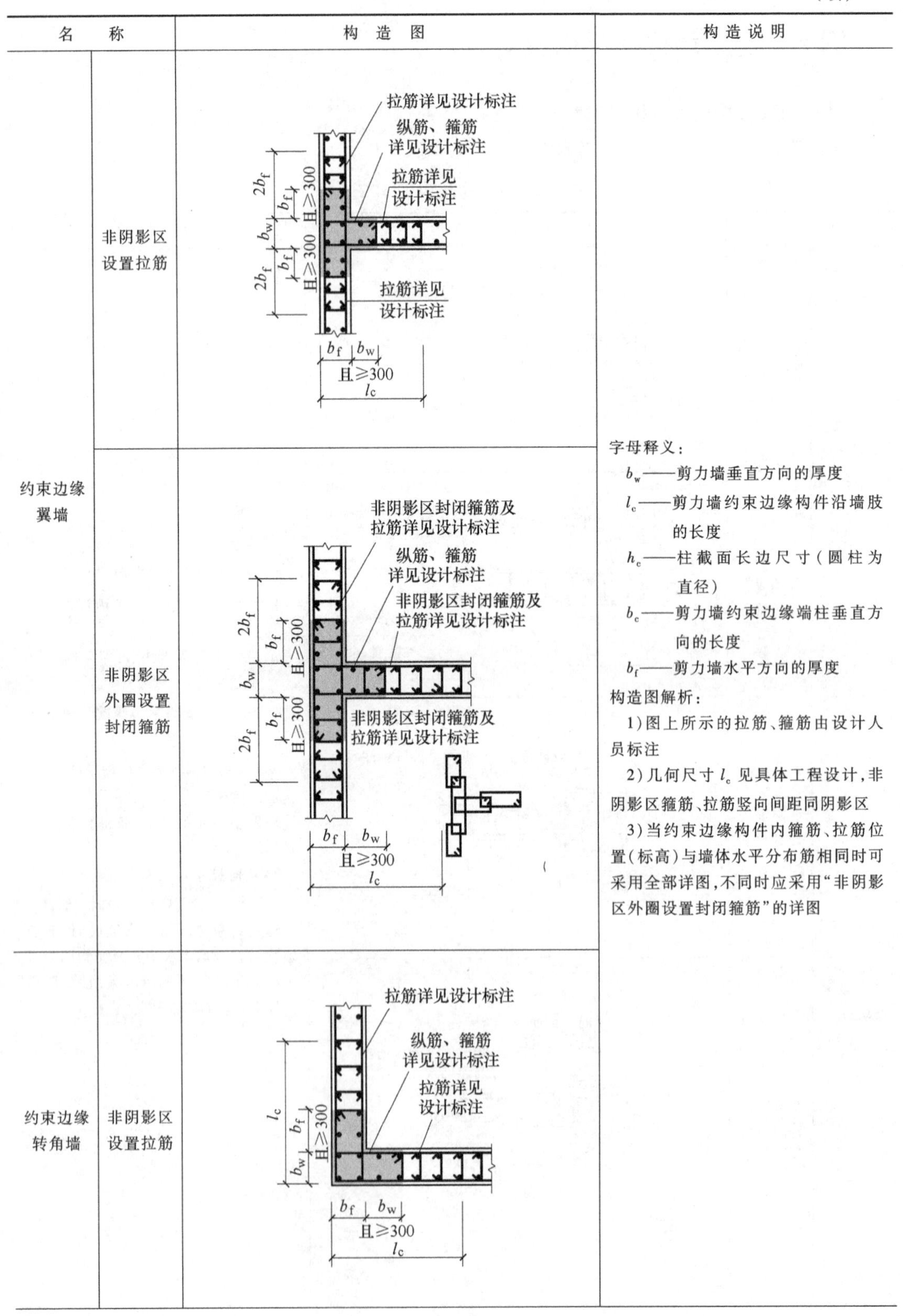

名　　称		构　造　图	构造说明
约束边缘翼墙	非阴影区设置拉筋		字母释义： b_w——剪力墙垂直方向的厚度 l_c——剪力墙约束边缘构件沿墙肢的长度 h_c——柱截面长边尺寸（圆柱为直径） b_c——剪力墙约束边缘端柱垂直方向的长度 b_f——剪力墙水平方向的厚度 构造图解析： 1）图上所示的拉筋、箍筋由设计人员标注 2）几何尺寸 l_c 见具体工程设计，非阴影区箍筋、拉筋竖向间距同阴影区 3）当约束边缘构件内箍筋、拉筋位置（标高）与墙体水平分布筋相同时可采用全部详图，不同时应采用“非阴影区外圈设置封闭箍筋”的详图
	非阴影区外圈设置封闭箍筋		
约束边缘转角墙	非阴影区设置拉筋		

（续）

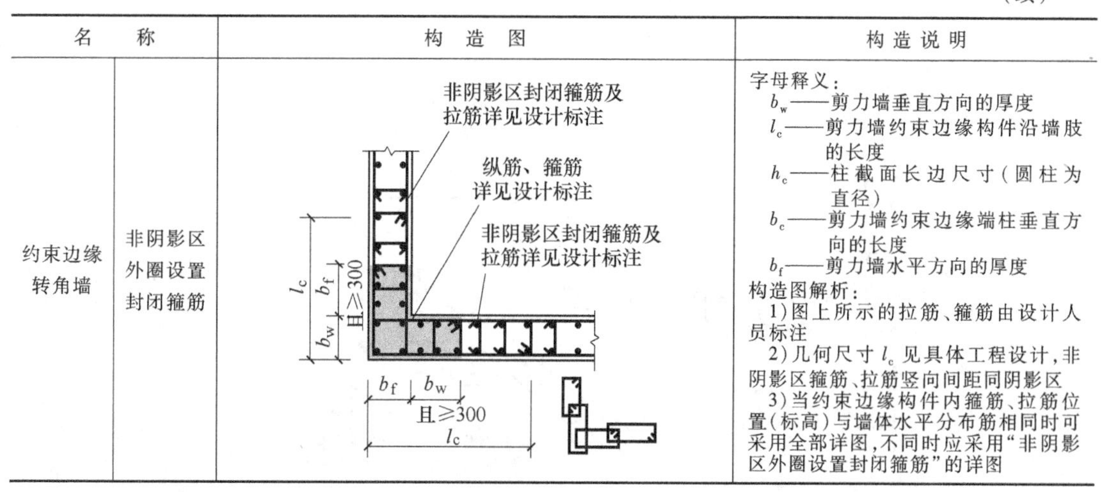

名　　称		构　造　图	构造说明
约束边缘转角墙	非阴影区外圈设置封闭箍筋	非阴影区封闭箍筋及拉筋详见设计标注 纵筋、箍筋详见设计标注 非阴影区封闭箍筋及拉筋详见设计标注 l_c　b_f　b_w　且≥300 b_f　b_w　且≥300　l_c	字母释义： b_w——剪力墙垂直方向的厚度 l_c——剪力墙约束边缘构件沿墙肢的长度 h_c——柱截面长边尺寸（圆柱为直径） b_c——剪力墙约束边缘端柱垂直方向的长度 b_f——剪力墙水平方向的厚度 构造图解析： 1）图上所示的拉筋、箍筋由设计人员标注 2）几何尺寸 l_c 见具体工程设计，非阴影区箍筋、拉筋竖向间距同阴影区 3）当约束边缘构件内箍筋、拉筋位置（标高）与墙体水平分布筋相同时可采用全部详图，不同时应采用“非阴影区外圈设置封闭箍筋”的详图

（2）剪力墙水平钢筋计入约束边缘构件体积配筋率的构造做法

剪力墙水平钢筋计入约束边缘构件体积配筋率的构造做法，见表 6-3。

表 6-3　剪力墙水平钢筋计入约束边缘构件体积配筋率的构造做法

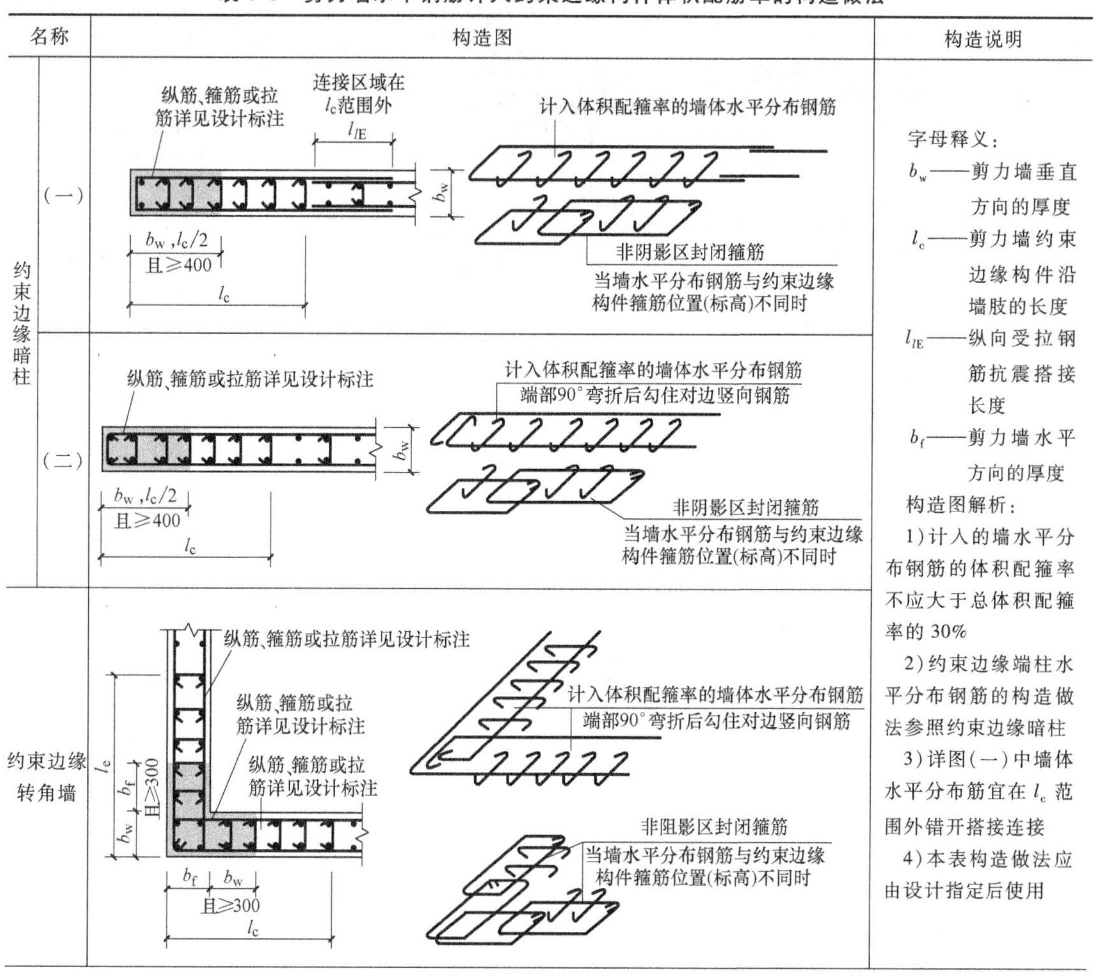

名称		构造图	构造说明
约束边缘暗柱	（一）	纵筋、箍筋或拉筋详见设计标注 连接区域在 l_c 范围外 l_{lE} b_w b_w，$l_c/2$　且≥400 l_c 计入体积配箍率的墙体水平分布钢筋 非阴影区封闭箍筋 当墙水平分布钢筋与约束边缘构件箍筋位置(标高)不同时	字母释义： b_w——剪力墙垂直方向的厚度 l_c——剪力墙约束边缘构件沿墙肢的长度 l_{lE}——纵向受拉钢筋抗震搭接长度 b_f——剪力墙水平方向的厚度 构造图解析： 1）计入的墙水平分布钢筋的体积配箍率不应大于总体积配箍率的 30% 2）约束边缘端柱水平分布钢筋的构造做法参照约束边缘暗柱 3）详图（一）中墙体水平分布筋宜在 l_c 范围外错开搭接连接 4）本表构造做法应由设计指定后使用
	（二）	纵筋、箍筋或拉筋详见设计标注 b_w b_w，$l_c/2$　且≥400 l_c 计入体积配箍率的墙体水平分布钢筋 端部90°弯折后勾住对边竖向钢筋 非阴影区封闭箍筋 当墙水平分布钢筋与约束边缘构件箍筋位置(标高)不同时	
约束边缘转角墙		纵筋、箍筋或拉筋详见设计标注 纵筋、箍筋或拉筋详见设计标注 纵筋、箍筋或拉筋详见设计标注 l_c　b_f　b_w　且≥300 b_f　b_w　且≥300　l_c 计入体积配箍率的墙体水平分布钢筋 端部90°弯折后勾住对边竖向钢筋 非阻影区封闭箍筋 当墙水平分布钢筋与约束边缘构件箍筋位置(标高)不同时	

（续）

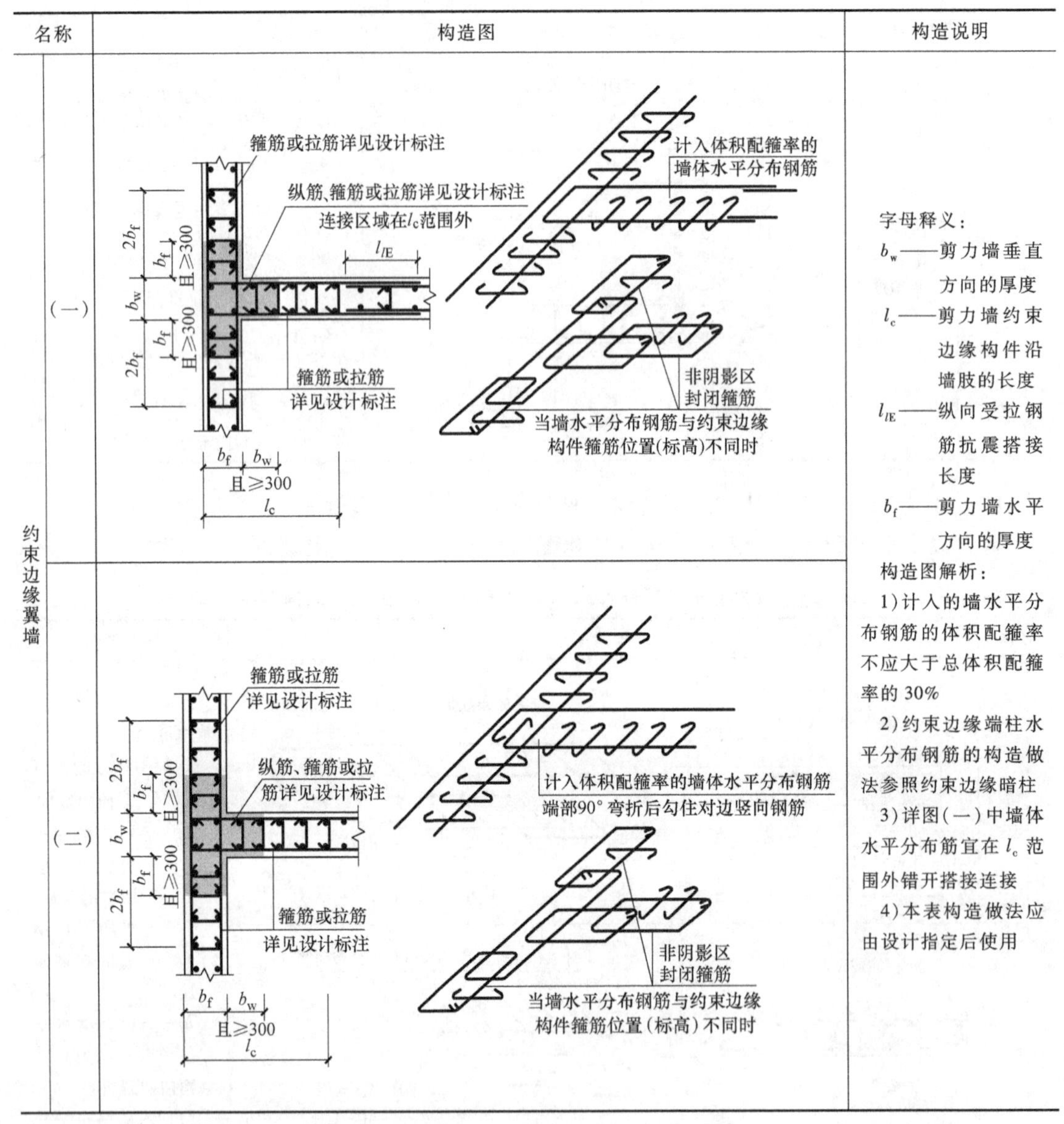

名称		构造图	构造说明
约束边缘翼墙	（一）		字母释义： b_w——剪力墙垂直方向的厚度 l_c——剪力墙约束边缘构件沿墙肢的长度 l_{lE}——纵向受拉钢筋抗震搭接长度 b_f——剪力墙水平方向的厚度 构造图解析： 1）计入的墙水平分布钢筋的体积配箍率不应大于总体积配箍率的30% 2）约束边缘端柱水平分布钢筋的构造做法参照约束边缘暗柱 3）详图（一）中墙体水平分布筋宜在l_c范围外错开搭接连接 4）本表构造做法应由设计指定后使用
	（二）		

（3）构造边缘构件GBZ、扶壁柱FBZ、非边缘暗柱AZ构造

构造边缘构件GBZ、扶壁柱FBZ、非边缘暗柱AZ构造，见表6-4。

表6-4　构造边缘构件GBZ、扶壁柱FBZ、非边缘暗柱AZ构造

名称		构造图	构造说明
构造边缘暗柱	（一）	纵筋、箍筋及拉筋详见设计标注 b_w ≥b_w且≥400	

（续）

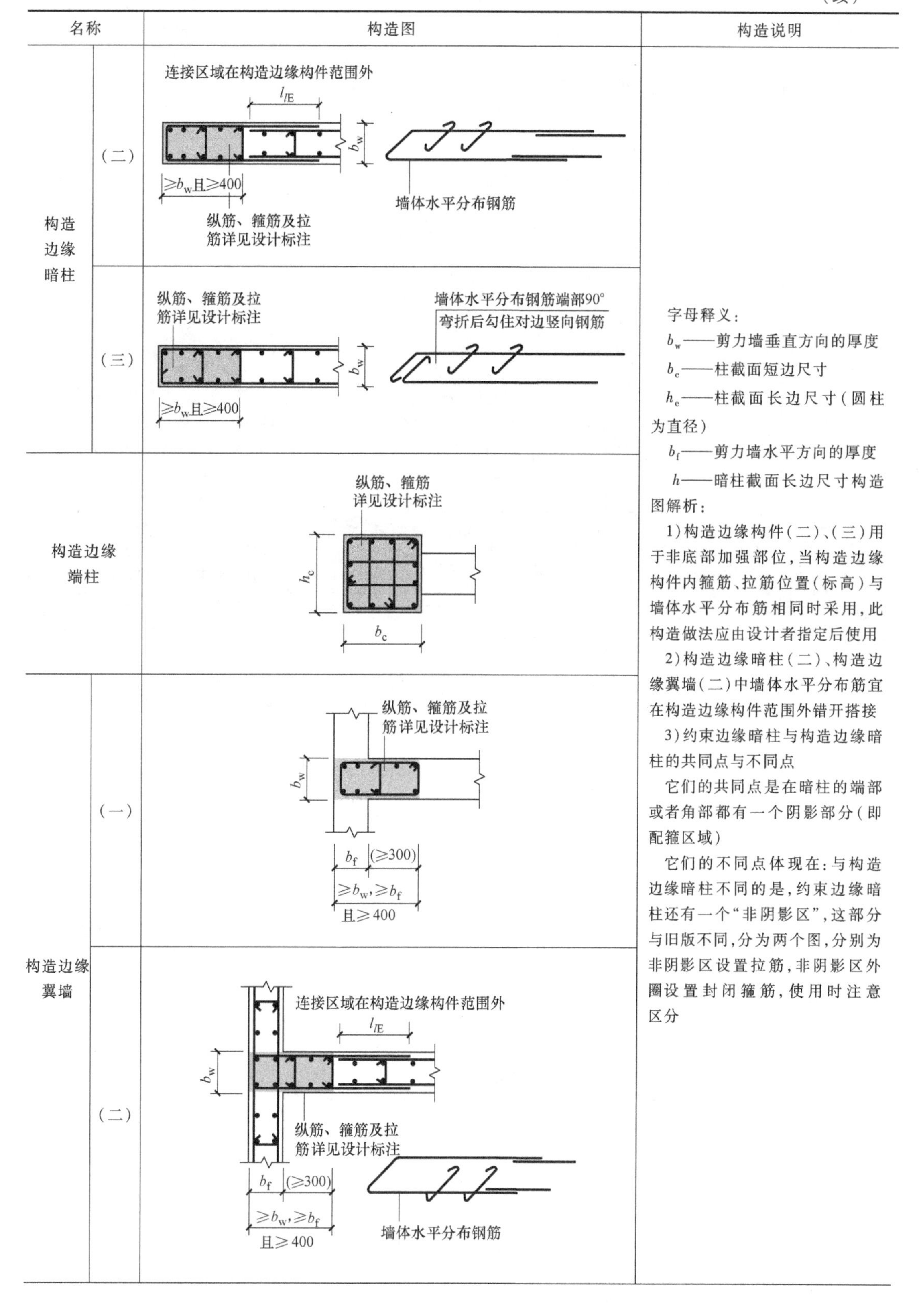

名称		构造图	构造说明
构造边缘暗柱	（二）		字母释义： b_w——剪力墙垂直方向的厚度 b_c——柱截面短边尺寸 h_c——柱截面长边尺寸（圆柱为直径） b_f——剪力墙水平方向的厚度 h——暗柱截面长边尺寸构造图解析： 1）构造边缘构件（二）、（三）用于非底部加强部位，当构造边缘构件内箍筋、拉筋位置（标高）与墙体水平分布筋相同时采用，此构造做法应由设计者指定后使用 2）构造边缘暗柱（二）、构造边缘翼墙（二）中墙体水平分布筋宜在构造边缘构件范围外错开搭接 3）约束边缘暗柱与构造边缘暗柱的共同点与不同点 它们的共同点是在暗柱的端部或者角部都有一个阴影部分（即配箍区域） 它们的不同点体现在：与构造边缘暗柱不同的是，约束边缘暗柱还有一个“非阴影区”，这部分与旧版不同，分为两个图，分别为非阴影区设置拉筋，非阴影区外圈设置封闭箍筋，使用时注意区分
	（三）		
构造边缘端柱			
构造边缘翼墙	（一）		
	（二）		

（续）

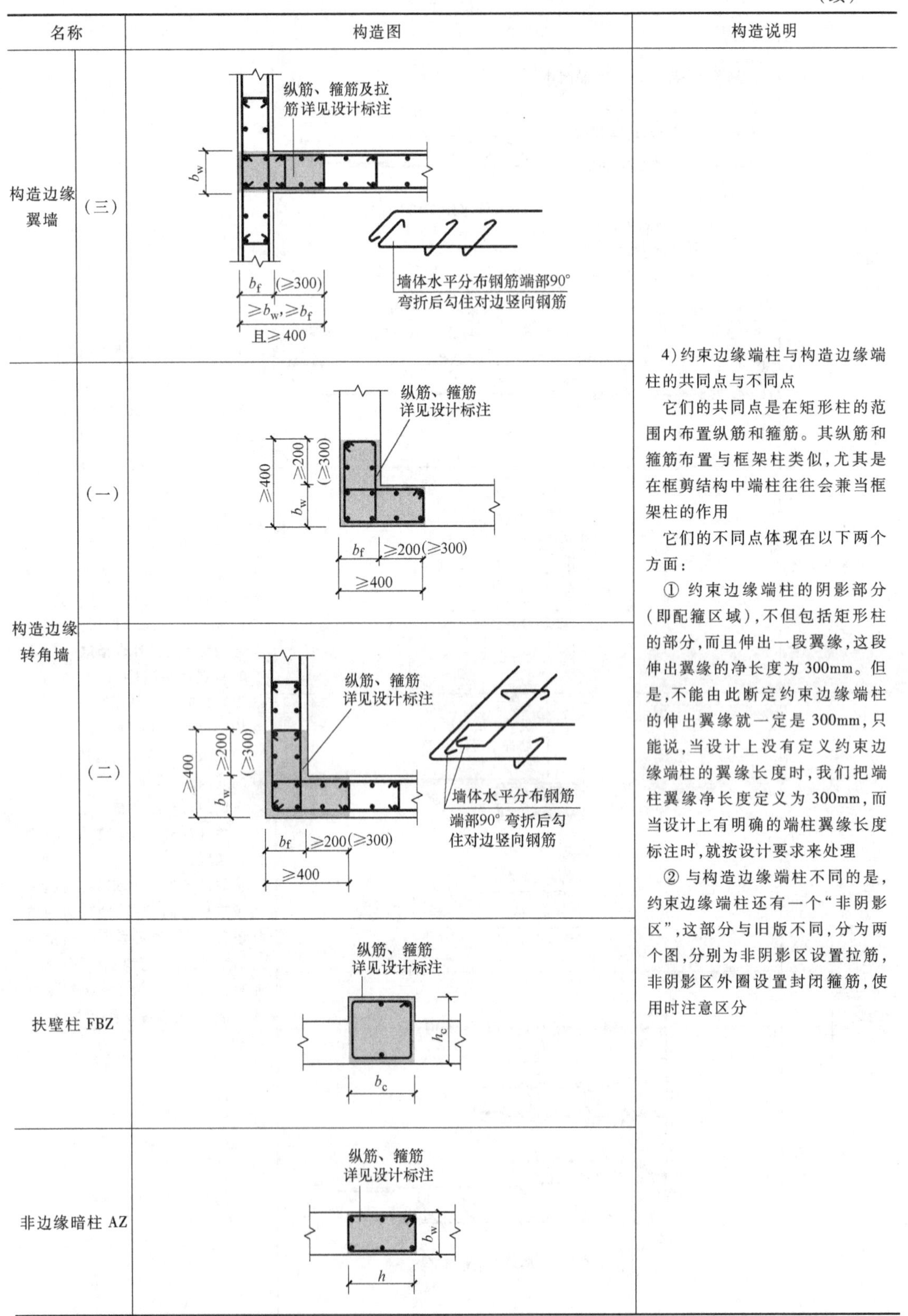

4）约束边缘端柱与构造边缘端柱的共同点与不同点

它们的共同点是在矩形柱的范围内布置纵筋和箍筋。其纵筋和箍筋布置与框架柱类似，尤其是在框剪结构中端柱往往会兼当框架柱的作用

它们的不同点体现在以下两个方面：

① 约束边缘端柱的阴影部分（即配箍区域），不但包括矩形柱的部分，而且伸出一段翼缘，这段伸出翼缘的净长度为300mm。但是，不能由此断定约束边缘端柱的伸出翼缘就一定是300mm，只能说，当设计上没有定义约束边缘端柱的翼缘长度时，我们把端柱翼缘净长度定义为300mm，而当设计上有明确的端柱翼缘长度标注时，就按设计要求来处理

② 与构造边缘端柱不同的是，约束边缘端柱还有一个“非阴影区”，这部分与旧版不同，分为两个图，分别为非阴影区设置拉筋，非阴影区外圈设置封闭箍筋，使用时注意区分

细节：剪力墙墙身钢筋构造

1. 墙身水平筋构造

（1）墙身水平筋暗柱锚固构造

墙身水平筋暗柱锚固构造，见表 6-5。

表 6-5　墙身水平筋暗柱锚固构造

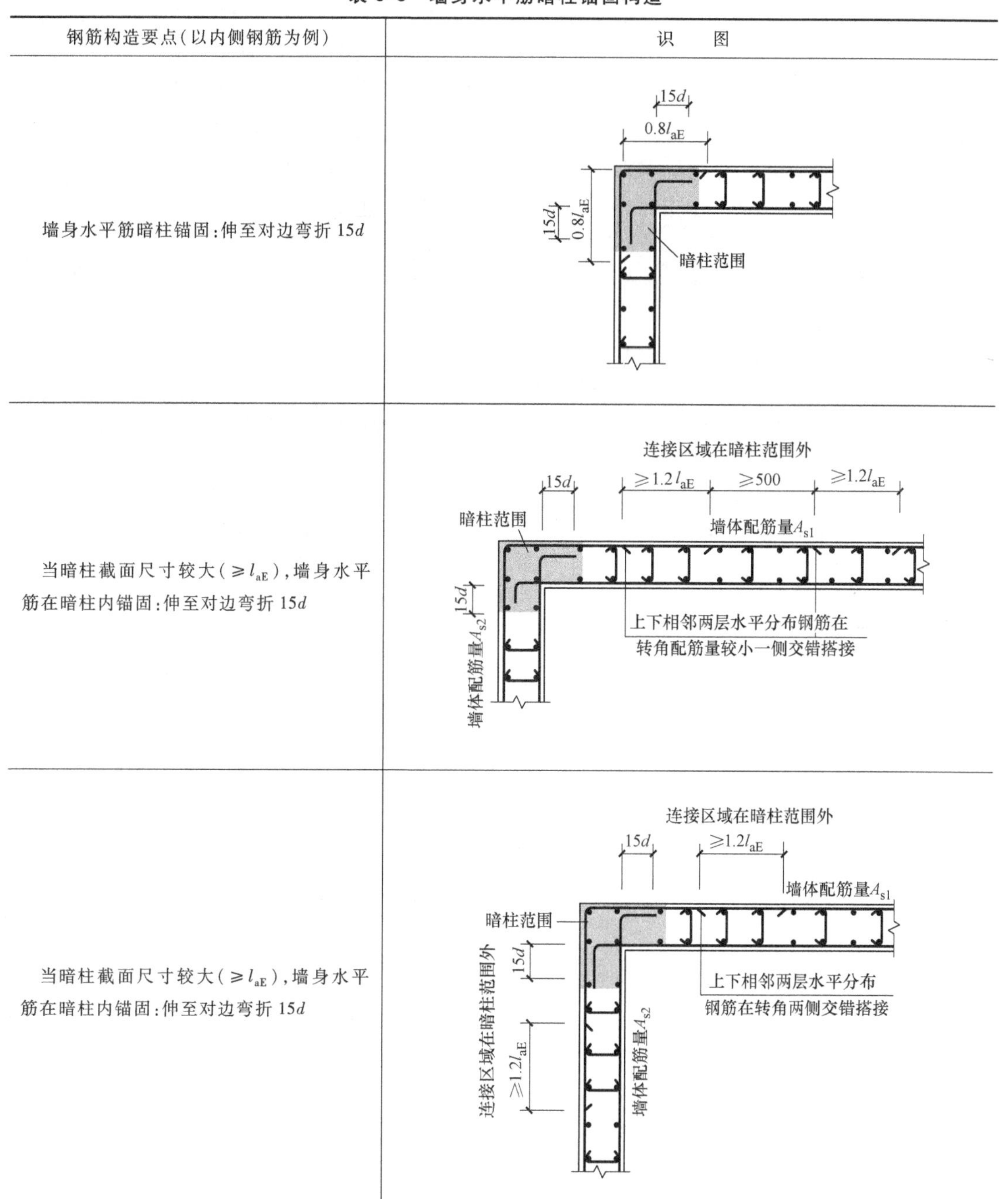

钢筋构造要点（以内侧钢筋为例）	识　图
墙身水平筋暗柱锚固：伸至对边弯折 15d	
当暗柱截面尺寸较大（≥l_{aE}），墙身水平筋在暗柱内锚固：伸至对边弯折 15d	
当暗柱截面尺寸较大（≥l_{aE}），墙身水平筋在暗柱内锚固：伸至对边弯折 15d	

（2）墙身水平筋转角处构造（直角）

墙身水平筋转角处构造（直角），见表6-6。

表6-6 墙身水平筋转角处构造（直角）

钢筋构造要点	识图
墙身水平筋转角处构造（直角）中锚固： 外侧钢筋：伸至对边弯折15d 内侧钢筋：伸至对边弯折15d	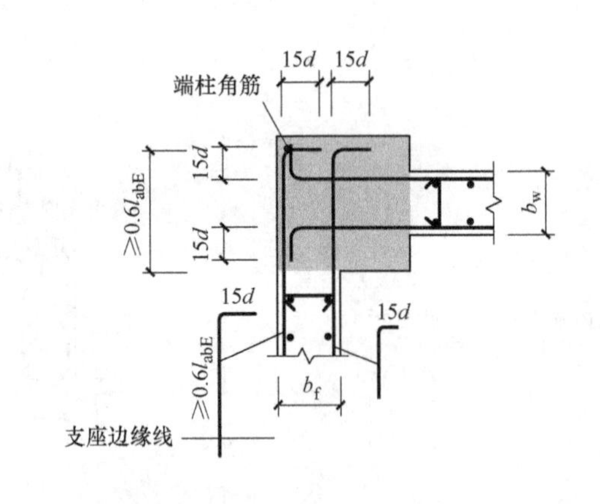
	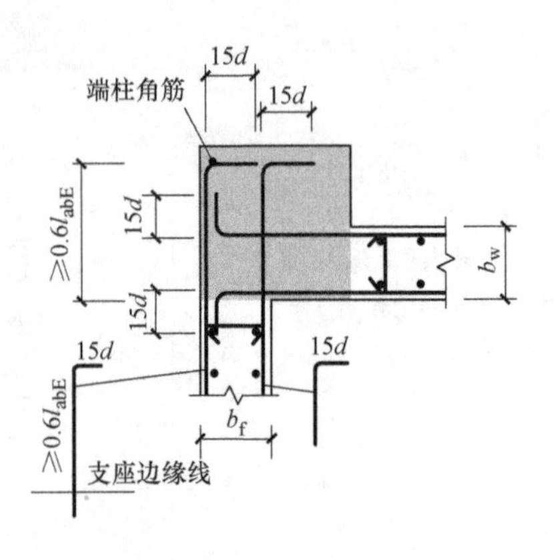

(3) 墙身水平筋转角处构造 (斜交)

墙身水平筋转角处构造 (斜交), 如图 6-12 所示。

墙身水平筋转角处构造 (斜交) 要点:

墙身水平筋在斜交处锚固 15d。

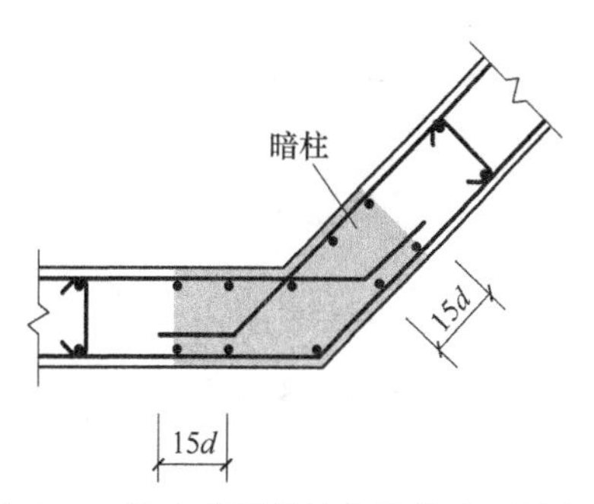

图 6-12　墙身水平筋转角处构造 (斜交)

(4) 墙身水平筋翼墙构造 (直角)

墙身水平筋翼墙构造 (直角), 如图 6-13 所示。

墙身水平筋翼墙构造 (直角) 要点:

墙身水平筋伸至对边弯折 15d。

(5) 墙身水平筋翼墙构造 (斜交)

墙身水平筋翼墙构造 (斜交), 如图 6-14 所示。

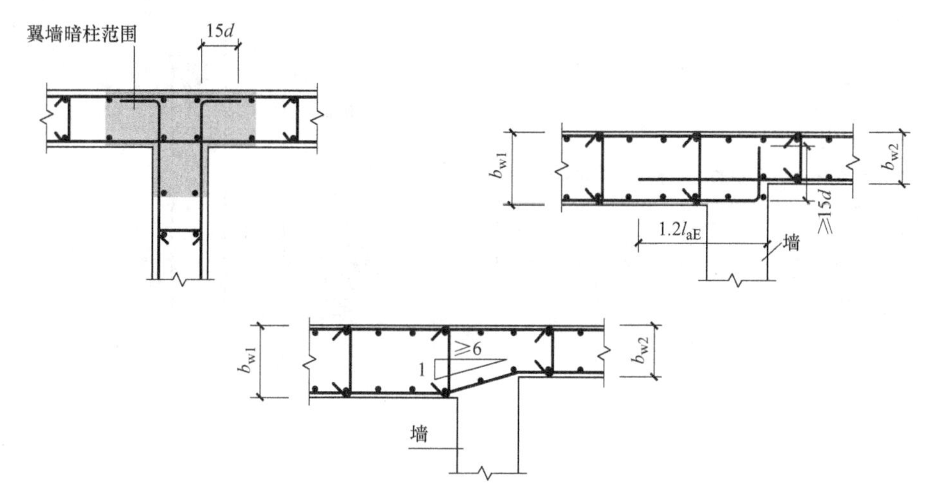

图 6-13　墙身水平筋翼墙构造 (直角)

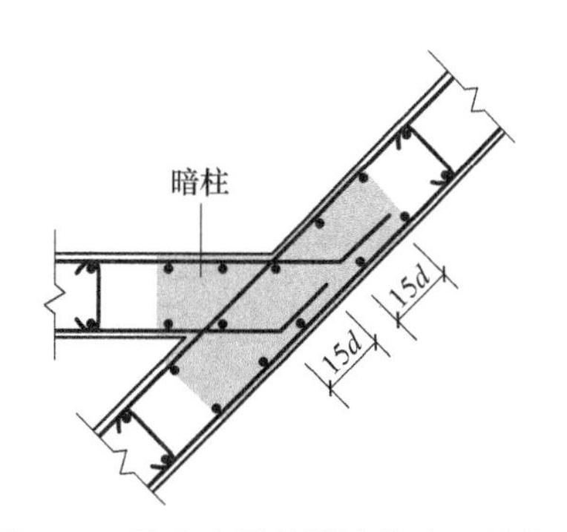

图 6-14　墙身水平筋翼墙构造 (斜交)

墙身水平筋翼墙构造 (斜交) 要点:

墙身水平筋在斜交处锚固 15d。

2. 墙身竖向筋构造

(1) 墙身竖向分布钢筋连接构造

墙身竖向分布钢筋连接构造, 见表 6-7。

表 6-7　墙身竖向分布钢筋连接构造

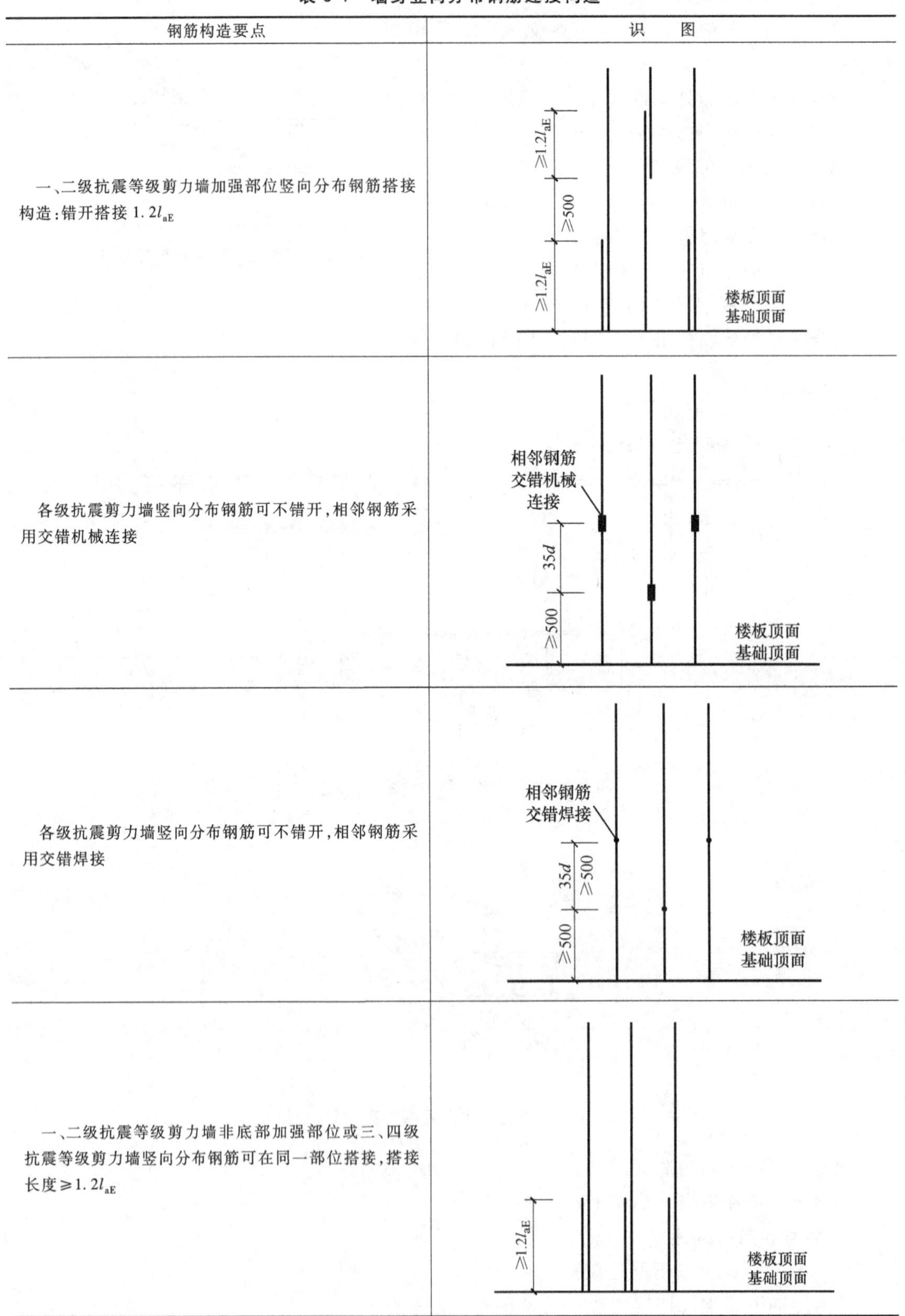

钢筋构造要点	识　图
一、二级抗震等级剪力墙加强部位竖向分布钢筋搭接构造：错开搭接 1.2l_{aE}	
各级抗震剪力墙竖向分布钢筋可不错开，相邻钢筋采用交错机械连接	
各级抗震剪力墙竖向分布钢筋可不错开，相邻钢筋采用交错焊接	
一、二级抗震等级剪力墙非底部加强部位或三、四级抗震等级剪力墙竖向分布钢筋可在同一部位搭接，搭接长度≥1.2l_{aE}	

（2）剪力墙边缘构件纵向钢筋连接构造

剪力墙边缘构件纵向钢筋连接构造见表 6-8。

表 6-8　剪力墙边缘构件纵向钢筋连接构造

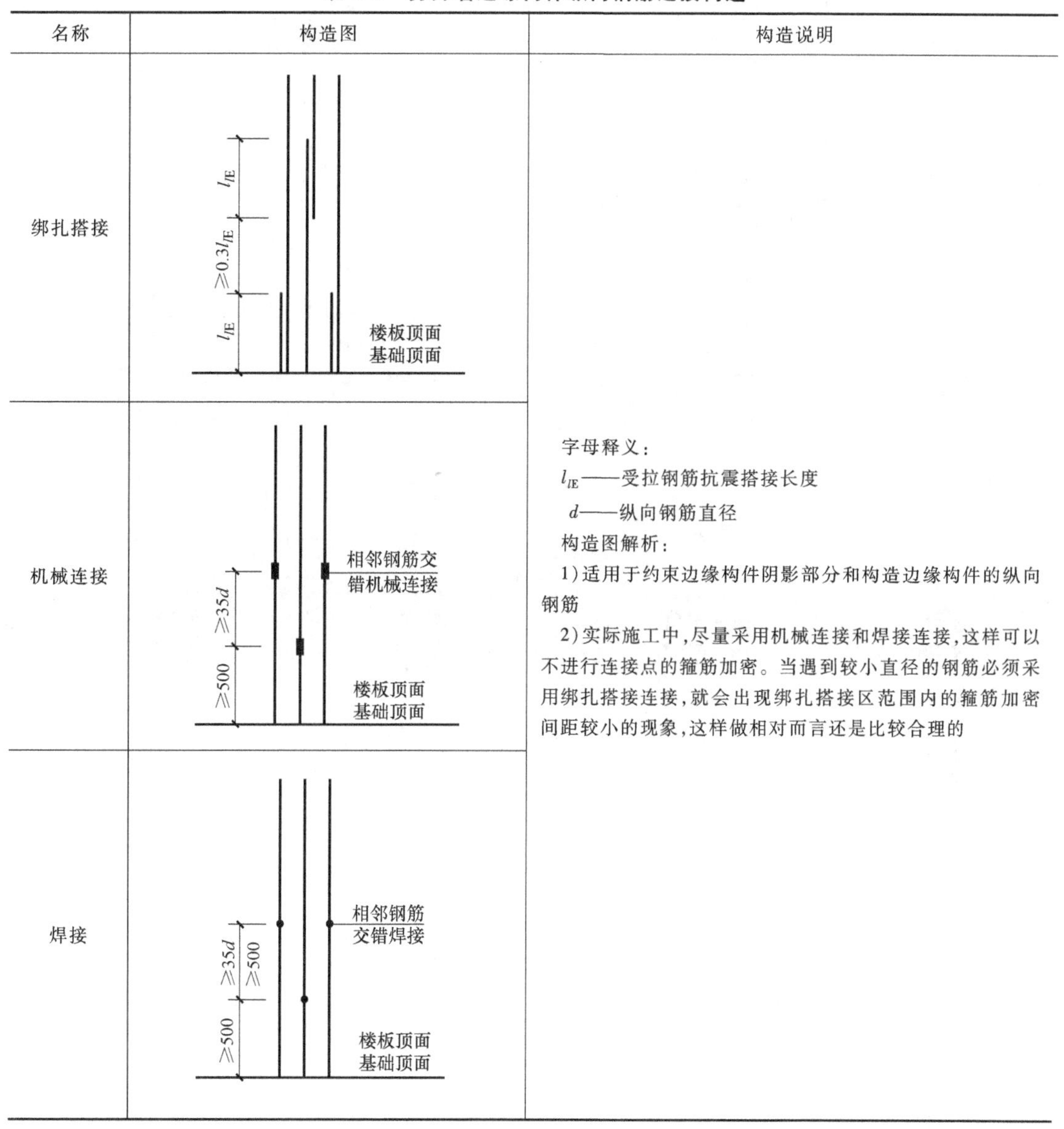

名称	构造图	构造说明
绑扎搭接	l_{lE}；$\geq 0.3l_{lE}$；l_{lE}；楼板顶面 基础顶面	字母释义： l_{lE}——受拉钢筋抗震搭接长度 d——纵向钢筋直径 构造图解析： 1）适用于约束边缘构件阴影部分和构造边缘构件的纵向钢筋 2）实际施工中，尽量采用机械连接和焊接连接，这样可以不进行连接点的箍筋加密。当遇到较小直径的钢筋必须采用绑扎搭接连接，就会出现绑扎搭接区范围内的箍筋加密间距较小的现象，这样做相对而言还是比较合理的
机械连接	相邻钢筋交错机械连接；$\geq 35d$；≥ 500；楼板顶面 基础顶面	
焊接	相邻钢筋交错焊接；$\geq 35d$；≥ 500；≥ 500；楼板顶面 基础顶面	

（3）剪力墙上起约束边缘构件纵筋构造

剪力墙上起约束边缘构件纵筋构造如图 6-15 所示。

（4）墙身竖向筋楼层中基本构造（等截面）

墙身竖向筋楼层中基本构造（等截面），如图 6-16 所示。

墙身竖向筋楼层中基本构造（等截面）要点：

1）低位：本层层高+伸入上层 $1.2l_{aE}$。

2）高位：本层层高$-1.2l_{aE}-500$+伸入上层 $1.2l_{aE}+500+1.2l_{aE}$。

（5）变截面竖向分布筋构造

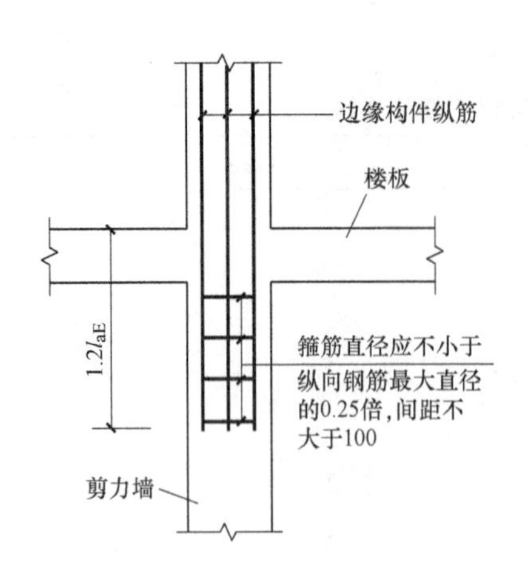

图 6-15　剪力墙上起边缘构件纵筋构造

l_{aE}——受拉钢筋抗震锚固长度

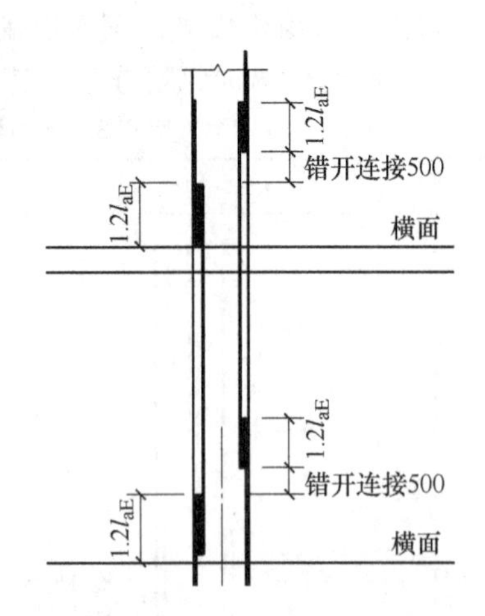

图 6-16　墙身竖向筋楼层中基本构造

当剪力墙在楼层上下截面变化，变截面处的钢筋构造与框架柱相同。除端柱外，其他剪力墙柱变截面构造要求，如图 6-17 所示。

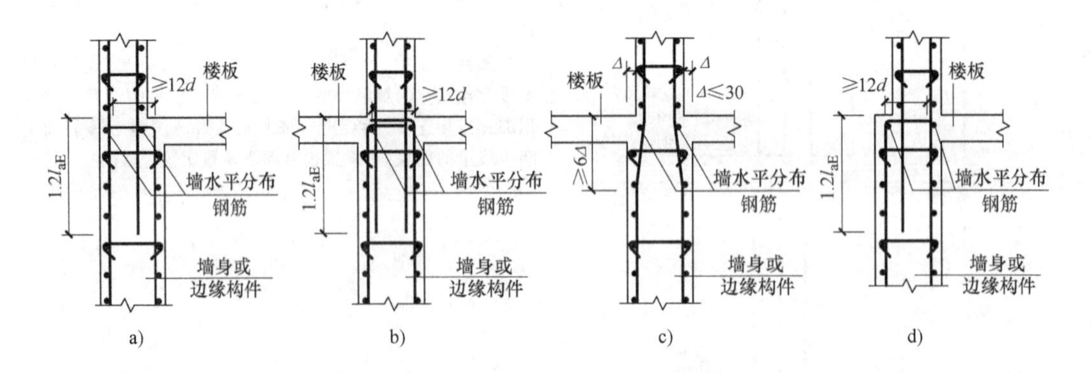

图 6-17　剪力墙变截面竖向钢筋构造

a）边梁非贯通连接　b）中梁非贯通连接　c）中梁贯通连接　d）边梁非贯通连接

l_{aE}—受拉钢筋抗震锚固长度　d—受拉钢筋直径　Δ—上下柱同向侧面错开的宽度

变截面墙柱纵筋有两种构造形式：非贯通连接［图 6-17a、b、d］和斜锚贯通连接［图 6-17c］。

当采用纵筋非贯通连接时，下层墙柱纵筋伸至基础内变截面处向内弯折 12d，至对面竖向钢筋处截断，上层纵筋垂直锚入下柱 1.2l_{aE}。

当采用斜弯贯通锚固时，墙柱纵筋不切断，而是以 1/6 钢筋斜率的方式弯曲伸到上一楼层。

（6）墙身顶部钢筋构造

墙身顶部竖向分布钢筋构造，如图 6-18 所示。竖向分布筋伸至剪力墙顶部后弯折，弯折长度为 12d（15d），（括号内数值是考虑屋面板上部钢筋与剪力外侧竖向钢筋搭接传力时的做法）；当一侧剪力墙有楼板时，墙柱钢筋均向楼板内弯折，当剪力墙两侧均有楼板时，竖向钢筋可分别向两侧楼板内弯折。而当剪力墙竖向钢筋在边框梁中锚固时，构造特点为：直锚 l_{aE}。

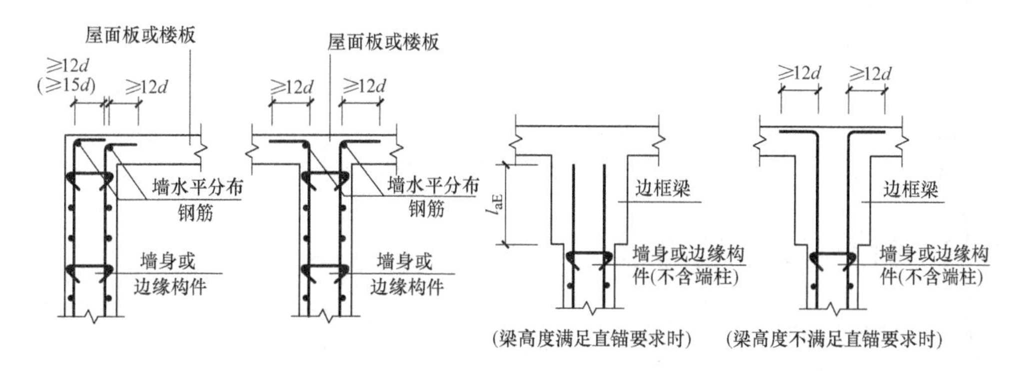

图 6-18 剪力墙竖向钢筋顶部构造

l_{aE}—受拉钢筋抗震锚固长度 d—受拉钢筋直径

（7）墙身竖向筋根数构造

墙身竖向筋根数构造要点：

1）墙端为构造性柱，墙身竖向筋在墙净长范围内布置，起步距离为一个钢筋间距。

2）墙端为约束性柱，约束性柱的扩展部位配置墙身筋（间距配合该部位的拉筋间距）；约束性柱扩展部位以外，正常布置墙竖向筋。

3. 墙身拉筋构造

墙身拉筋根数构造，如图 6-19 所示。

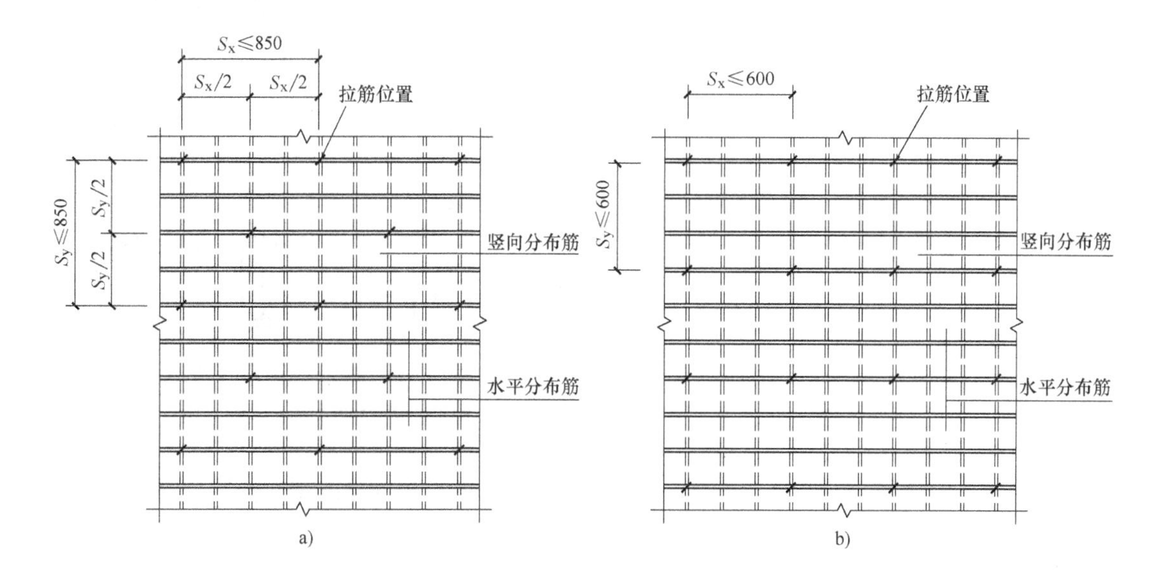

图 6-19 剪力墙身拉筋设置

a）梅花形布置 b）平行布置

墙身拉筋根数构造要点：

1）墙身拉筋有梅花形布置和平行布置两种构造，如设计未明确注明，一般采用梅花形布置。

2）墙身拉筋布置。

在层高范围：从楼面往上第二排墙身水平筋，至顶板往下第一排墙身水平筋。

在墙身宽度范围：从端部的墙柱边第一排墙身竖向钢筋开始布置。

连梁范围内的墙身水平筋，也要布置拉筋。

3）一般情况，墙拉筋间距是墙水平筋或竖向筋间距的 2 倍。

细节：剪力墙梁配筋构造

1. 连梁 LL 钢筋构造

连梁 LL 钢筋构造，见表 6-9。

表 6-9　连梁 LL 钢筋构造

钢筋构造要点	识　图
中间层连梁在中间洞口，纵筋长度为一洞口宽+两端锚固 max(l_{aE},600mm)	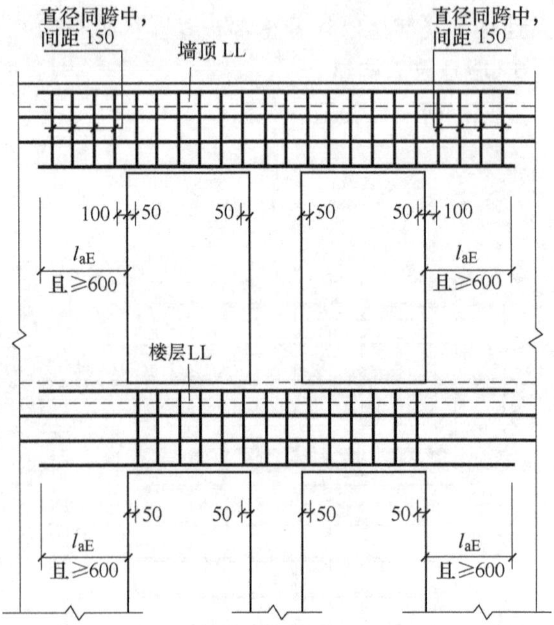 直径同跨中，间距 150 墙顶 LL 直径同跨中，间距 150 100　50　50　50　50　100 l_{aE} 且≥600　l_{aE} 且≥600 楼层LL 50　50　50　50 l_{aE} 且≥600　l_{aE} 且≥600 双洞口连梁（双跨）

（续）

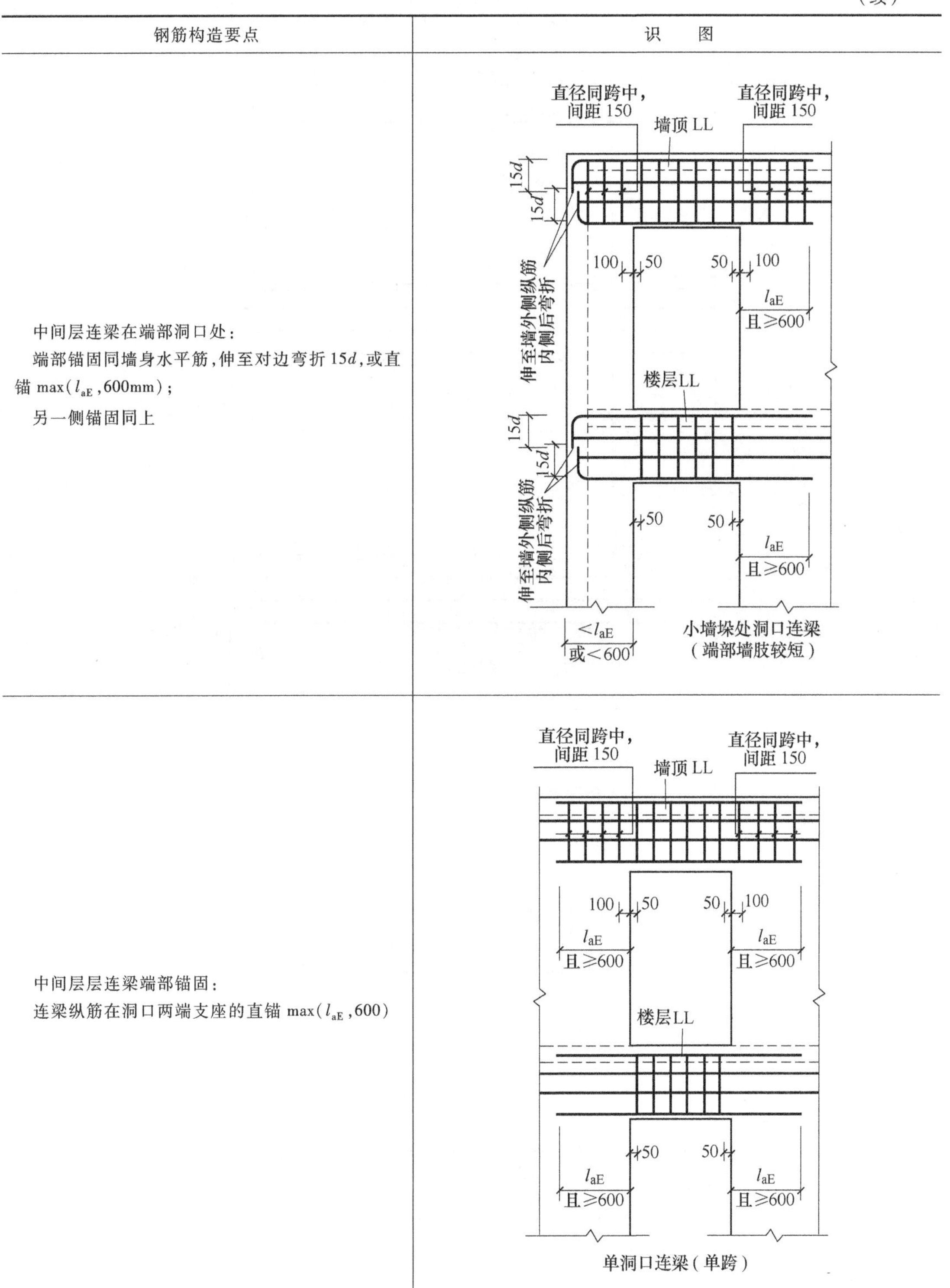

钢筋构造要点	识　图
中间层连梁在端部洞口处： 端部锚固同墙身水平筋，伸至对边弯折 $15d$，或直锚 max(l_{aE},600mm)； 另一侧锚固同上	小墙垛处洞口连梁（端部墙肢较短）
中间层层连梁端部锚固： 连梁纵筋在洞口两端支座的直锚 max(l_{aE},600)	单洞口连梁（单跨）

2. 剪力墙连梁 LLk 纵向钢筋、箍筋加密区构造

剪力墙连梁 LLk 纵向配筋构造如图 6-20 所示，箍筋加密区构造如图 6-21 所示。

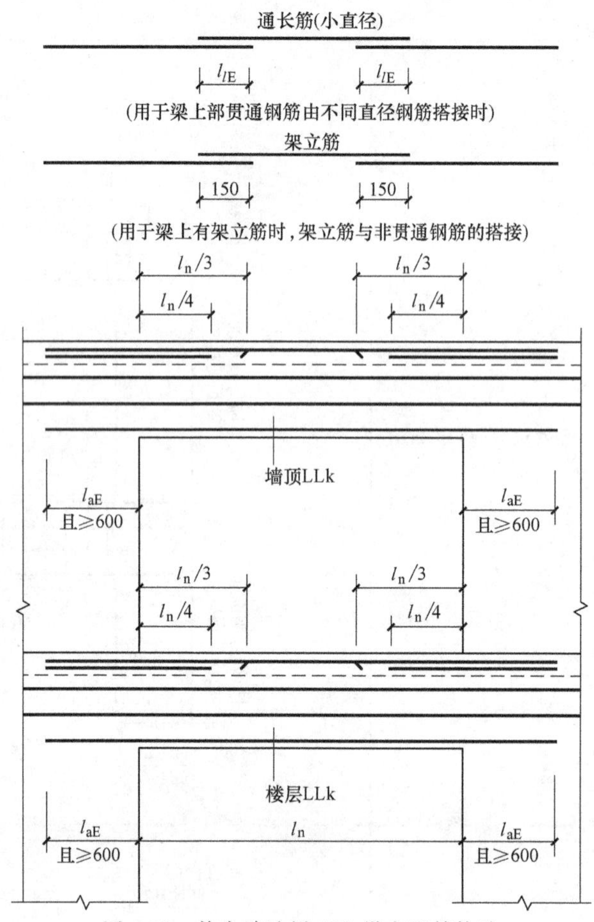

图 6-20　剪力墙连梁 LLk 纵向配筋构造

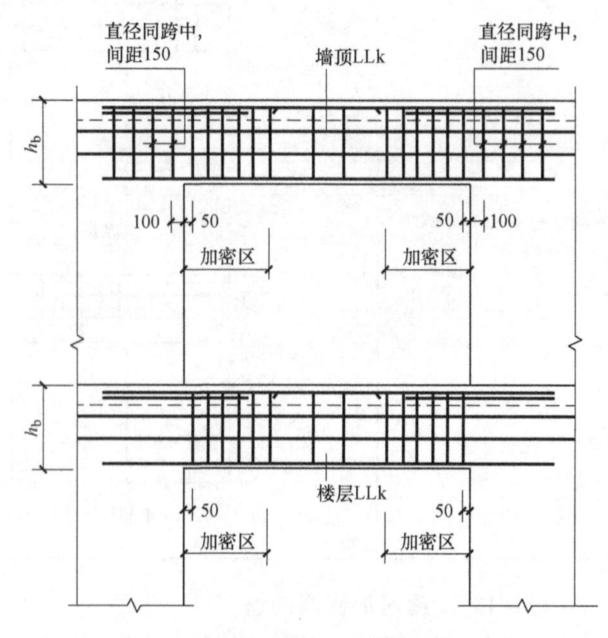

图 6-21　剪力墙连梁 LLk 箍筋加密区构造

1）箍筋加密范围

一级抗震等级：加密区长度为 max($2h_b$，500)；

二至四级抗震等级：加密区长度为 max($1.5h_b$，500)。其中，h_b 为梁截面高度。

2）梁上部通长钢筋与非贯通钢筋直径相同时，连接位置宜位于跨中 $l_n/3$ 范围内；梁下部钢筋连接位置宜位于支座 $l_n/3$ 范围内；且在同一连接区段内钢筋接头面积百分率不宜大于50%。

3）当梁纵筋（不包括架立筋）采用绑扎搭接接长时，搭接区内箍筋直径不小于 $d/4$（d 为搭接钢筋最大直径），间距不应大于100mm 及 $5d$（d 为搭接钢筋最小直径）。

3. 剪力墙边框梁或暗梁与连梁重叠钢筋构造

暗梁或边框梁和连梁重叠的特点一般是两个梁顶标高相同，而暗梁的截面高度小于连梁，所以连梁的下部纵筋在连梁内部穿过，因此，搭接时主要应关注暗梁或边框梁与连梁上部纵筋的处理方式。

顶层边框梁或暗梁与连梁重叠时配筋构造，见图6-22。

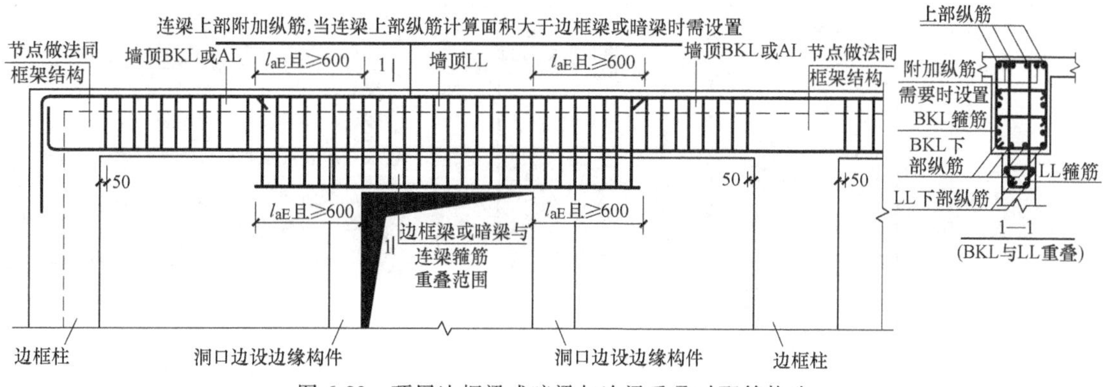

图6-22　顶层边框梁或暗梁与连梁重叠时配筋构造

楼层边框梁或暗梁与连梁重叠时配筋构造，见图6-23。

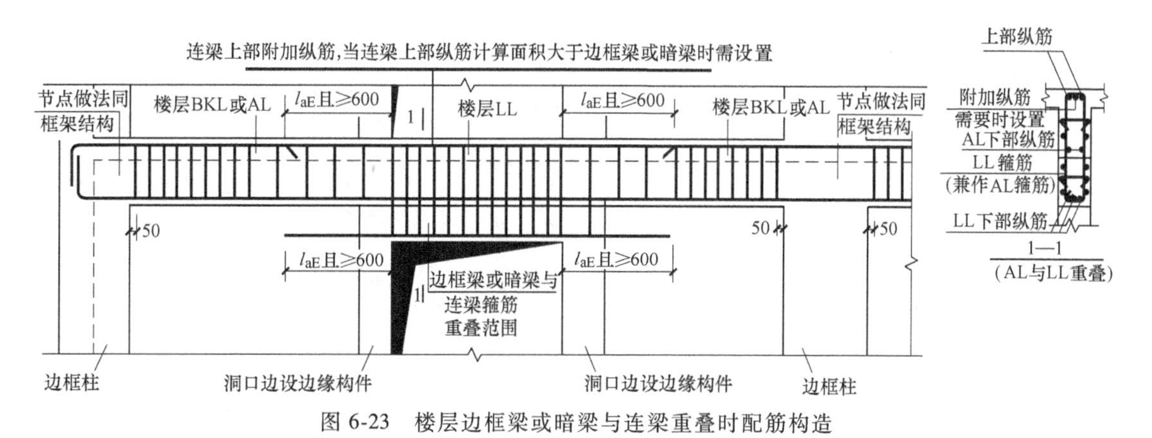

图6-23　楼层边框梁或暗梁与连梁重叠时配筋构造

从“1-1”断面图可以看出重叠部分的梁上部纵筋：

第一排上部纵筋为 BKL 或 AL 的上部纵筋。

第二排上部纵筋为“连梁上部附加纵筋，当连梁上部纵筋计算面积大于边框梁或暗梁时需设置”。

连梁上部附加纵筋、连梁下部纵筋的直锚长度为“l_{aE}且≥600mm”。

以上是 BKL 或 AL 的纵筋与 LL 纵筋的构造。至于它们的箍筋：

由于 LL 的截面宽度与 AL 相同（LL 的截面高度大于 AL），所以重叠部分的 LL 箍筋兼做 AL 箍筋。但是 BKL 就不同，BKL 的截面宽度大于 LL，所以 BKL 与 LL 的箍筋是各布各的，互不相干。

细节：地下室外墙 DWQ 钢筋构造

地下室外墙 DWQ 钢筋构造，见表 6-10。

表 6-10 地下室外墙 DWQ 钢筋构造

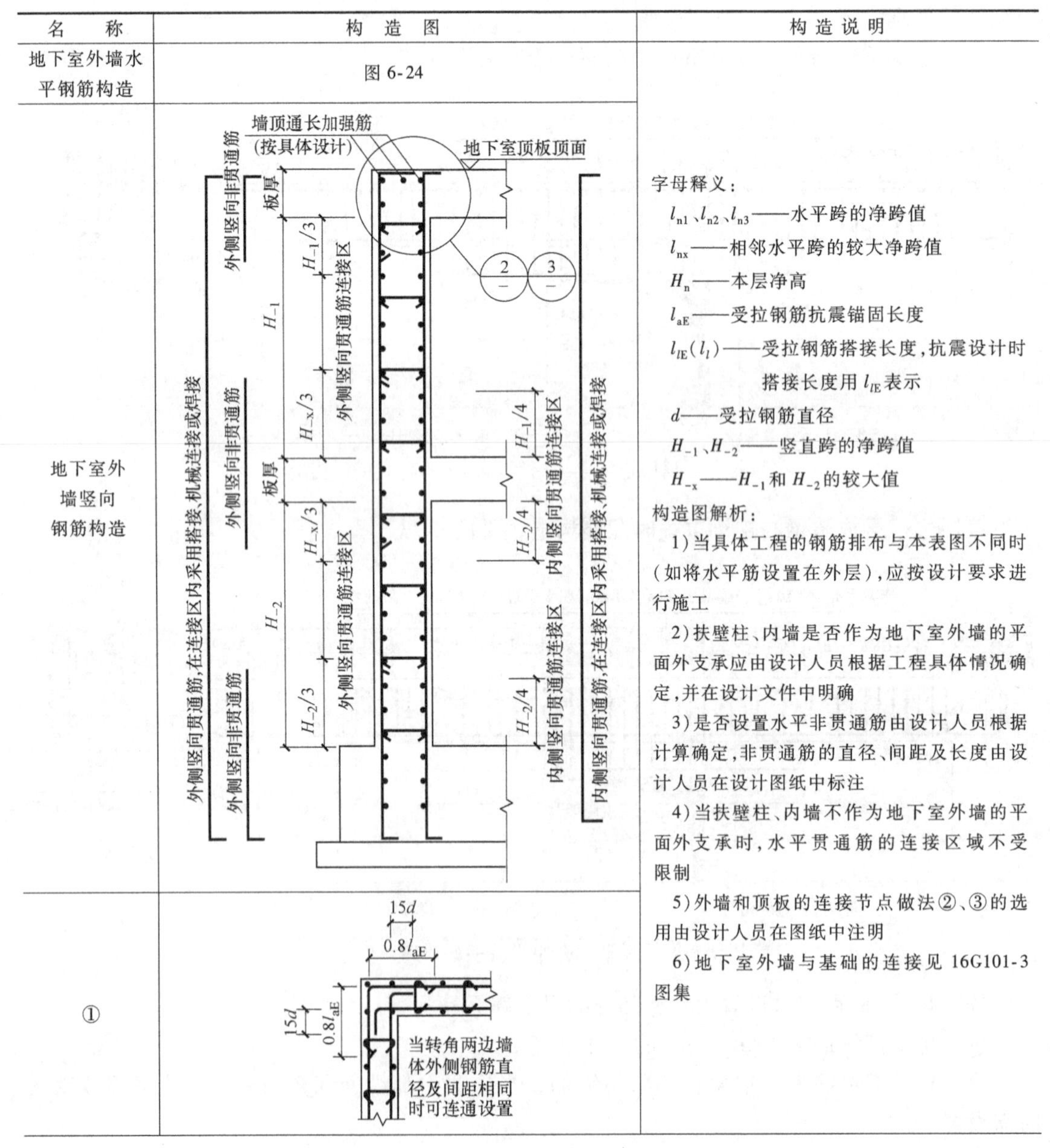

名称	构造图	构造说明
地下室外墙水平钢筋构造	图 6-24	字母释义： l_{n1}、l_{n2}、l_{n3}——水平跨的净跨值 l_{nx}——相邻水平跨的较大净跨值 H_n——本层净高 l_{aE}——受拉钢筋抗震锚固长度 l_{lE}（l_l）——受拉钢筋搭接长度，抗震设计时搭接长度用 l_{lE} 表示 d——受拉钢筋直径 H_{-1}、H_{-2}——竖直跨的净跨值 H_{-x}——H_{-1} 和 H_{-2} 的较大值 构造图解析： 1）当具体工程的钢筋排布与本表图不同时（如将水平筋设置在外层），应按设计要求进行施工 2）扶壁柱、内墙是否作为地下室外墙的平面外支承应由设计人员根据工程具体情况确定，并在设计文件中明确 3）是否设置水平非贯通筋由设计人员根据计算确定，非贯通筋的直径、间距及长度由设计人员在设计图纸中标注 4）当扶壁柱、内墙不作为地下室外墙的平面外支承时，水平贯通筋的连接区域不受限制 5）外墙和顶板的连接节点做法②、③的选用由设计人员在图纸中注明 6）地下室外墙与基础的连接见 16G101-3 图集
地下室外墙竖向钢筋构造	（构造图）	
①	（构造图）	

（续）

名　　称	构　造　图	构 造 说 明
②顶板作为外墙的简支支承		
③顶板作为外墙的弹性嵌固支承（搭接连接）		

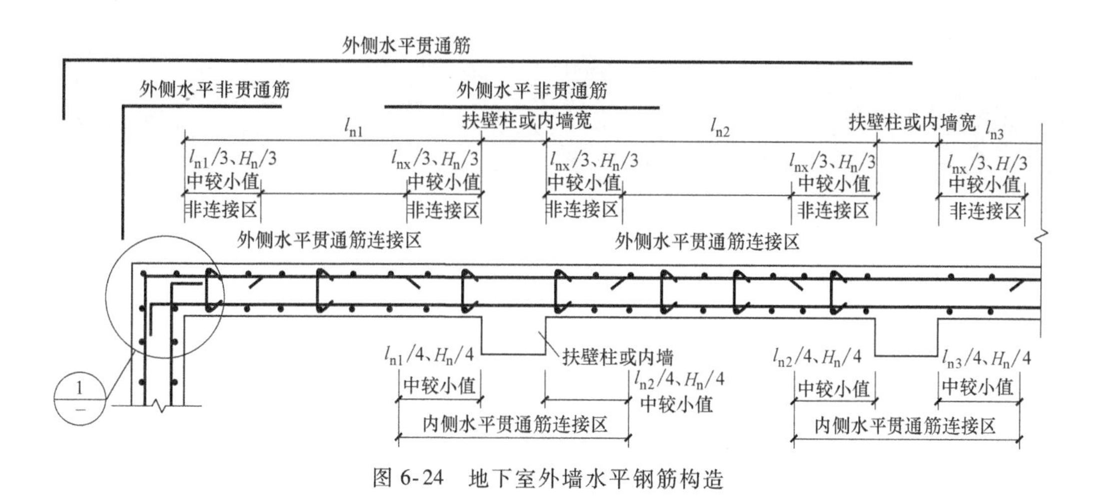

图 6-24　地下室外墙水平钢筋构造

参考文献

[1] 中华人民共和国住房和城乡建设部，中华人民共和国国家质量监督检验检疫总局. 混凝土结构设计规范：GB 50010—2010 [S]. 北京：中国建筑工业出版社，2011.

[2] 中华人民共和国住房和城乡建设部，中华人民共和国国家质量监督检验检疫总局. 混凝土结构工程施工质量验收规范：GB 50204—2015 [S]. 北京：中国建筑工业出版社，2015.

[3] 中国建筑标准设计研究院. 混凝土结构施工图平面整体表示方法制图规则和构造详图（现浇混凝土框架、剪力墙、梁、板）：16G101-1 [S]. 北京：中国计划出版社，2016.

[4] 中国建筑标准设计研究院. 混凝土结构施工图平面整体表示方法制图规则和构造详图（现浇混凝土板式楼梯：16G101-2 [S]. 北京：中国计划出版社，2016.

[5] 中国建筑标准设计研究院. 混凝土结构施工图平面整体表示方法制图规则和构造详图（独立基础、条形基础、筏形基础、桩基础）：16G101-3 [S]. 北京：中国计划出版社，2016.